保谷彰彦

わたしの
タンポポ研究

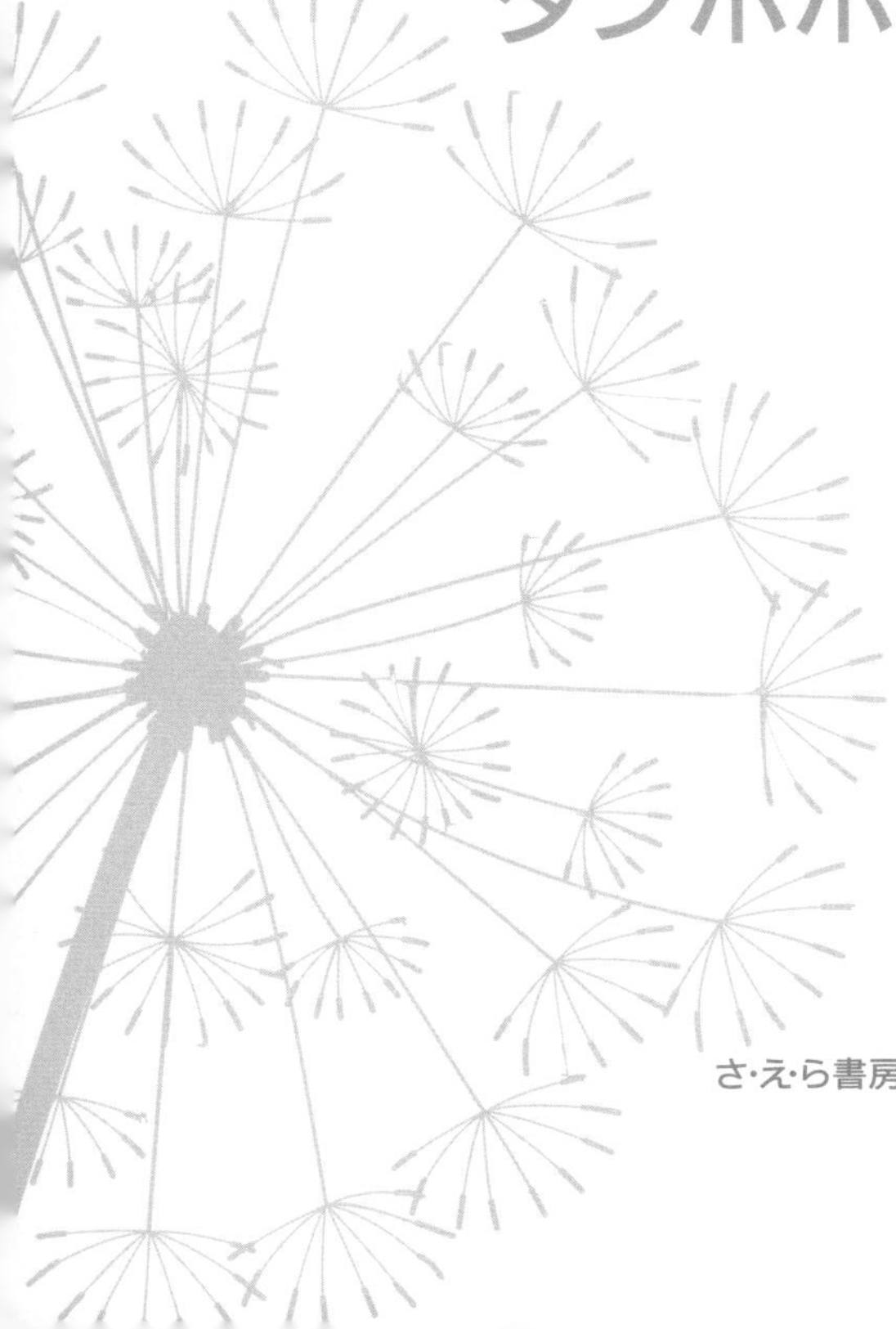

さ・え・ら書房

わたしのタンポポ研究——もくじ

第1章 日本はタンポポの国

第1節　タンポポの生き方を知るために

◆花に引きよせられて

タンポポの花にはいろいろな昆虫《こんちゅう》がやってきます。わたしもタンポポに引きよせられて里山にやってきました。陽射しがぽかぽかと暖かい日にタンポポ観察です。わたしは東京に住んでいます。都内でも、春になると里山のようなところにはカントウタンポポが咲《さ》いています。

カントウタンポポはもともと日本に生えているタンポポです。その花には、チョウやミツバチ、ハナアブなどが訪れます。ミツバチやハナアブの仲間は、花の上で黄色い花粉にまみれています。花の上は昆虫《こんちゅう》たちでにぎわい、その様子はどこか穏《おだ》やかです。しかし、このにぎわいは、タンポポと昆虫《こんちゅう》、それぞれにとって生きるための営みそのもの。意外にも、ビジネスの「取り引き」にたとえられることさえあるのです。どうして取り引きなのでしょうか？

タンポポの花には、蜜《みつ》や花粉があります。その蜜《みつ》や花粉は、昆虫《こんちゅう》たちにとって大切なエサになります。そのエサを求めて、昆虫《こんちゅう》たちはタンポポに集まってくるのです。目の前のタンポポの花

ミツバチとタンポポ

でせかせかと動き回っていたミツバチに注目してみましょう。しばらくすると、向こうに咲《さ》いているタンポポの花へと飛び立っていきました。タンポポからタンポポへと、ミツバチの小旅行は続きます。

タンポポはミツバチたちにエサを提供するかわりに、花粉を運んでもらいます。エサを求めて動き回るミツバチ。次は、どの花に行くのでしょうか？　もし、行き先がタンポポなら、そのミツバチの体についた花粉は、次のタンポポへ運ばれていきます。ミツバチたちの体にくっついて運ばれてきた花粉で、タンポポは受粉します。そして、やがて種子がつくられます。つまり、タンポポはミツバチにエサを提供することで、結果として種子を実らせることができるというわけです。

タンポポはミツバチを利用し、ミツバチもタンポポを利用しています。両者は互《たが》いにたすけあっているわけではないので、「取り引き」にたとえられることがあるのです。チョウやハナバチなども、ミツバチと同じように、タンポポとの関係を築いています。

タンポポ以外の多くの花も、昆虫《こんちゅう》と「取り引き」して種子を実らせます。エサを求めて花を行き来する昆虫《こんちゅう》たち。昆虫《こんちゅう》が訪れることで、多くの花は種子を実らせることができるのです。花と昆虫《こんちゅう》はお互《たが》いに大切なパートナー。この関係は、長い年月をかけてつくりあげられてきました。そこには、お互《たが》いに「取り引き」を有利に進めるかのようにな「しくみ」があります。昆虫《こんちゅう》ごとに、あるいは花ごとに異なる、とても巧《たく》みで美しいしくみです。

花だけでなく、種子や葉などにも、生きるためのしくみが隠《かく》されています。たとえば種子をみてみましょう。一度発芽した種子は、もとにもどれません。日本のように四季のはっきりした地域では、いつ発芽するかは植物にとって生死に関わる大問題です。なぜなら、暑い季節や寒い季節に発芽すると枯《か》れてしまうことが多くなるからです。そこで、種子には、季節の変化を感じとるしくみが備わっていることがあります。

花や種子に隠《かく》されたしくみを探っていくと、その草花の生き方を知ることができます。どれほど見なれた花にもしくみがあります。もちろん、タンポポにも、いろいろなしくみがしっかりと備わっています。

この本では、タンポポの「しくみ」とそこからわかるタンポポの「生き方」を紹介《しょうかい》します。

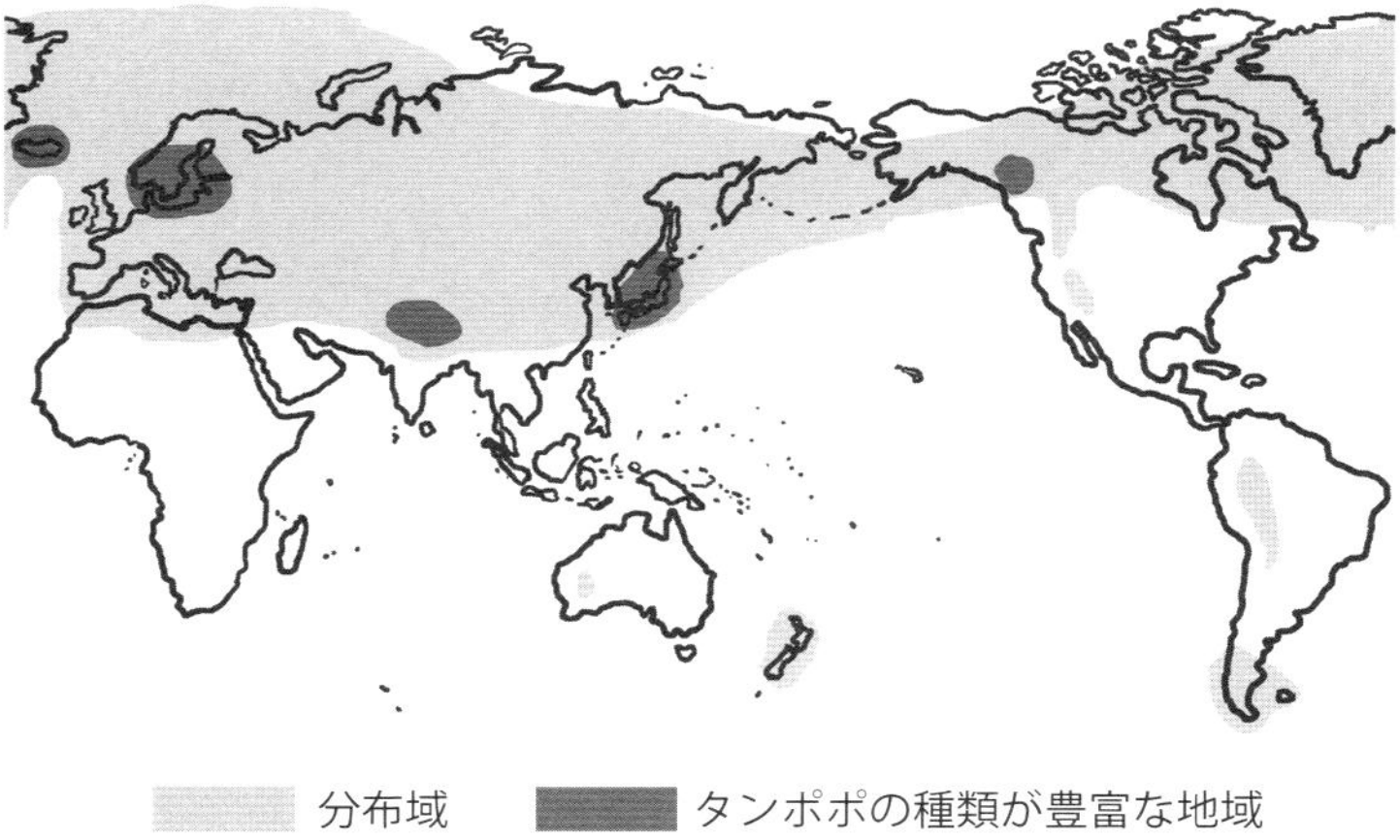

タンポポの世界的分布図

第2節　タンポポの国、日本

◆タンポポの国

日本はタンポポの国です。世界のタンポポは、北半球を中心として温帯から亜寒帯《あかんたい》にかけて広く分布しています。イギリスの植物学者であるＡ・Ｊ・リチャーズ博士は、一九七三年に専門誌で次のように述べています。「日本列島はスカンディナビア半島やアイスランド、アラスカ南部、ヒマラヤと並んでタンポポの種類が豊富な地域である」と。

日本では身近にたくさんのタンポポが見られます。平地から高山にいたるまで、二十種類ほどのタンポポが生えています。確かに、日本はタンポポの種類が豊富な地域なのです。

◆里山のタンポポ

ごく身近なところに生えている日本のタンポポをくわしくみていきましょう。日本のタンポポの主な生育地は、里山のようなところです。道ばたや田畑周辺、野原といった平地に生えています。

日本各地の平地で見られる日本のタンポポは、どれも同じではなく、地域ごとに種類が異なっています。おおまかにみると、関西地方から九州北部にはカンサイタンポポ、隠岐諸島《おきしょとう》にはオキタンポポ、東海地方の一部にはトウカイタンポポ、関東地方北部から甲信越《こうしんえつ》地方にはシナノタンポポ、そしてカントウタンポポは関東地方を中心に広く分布しています。これら五種類のタンポポはかたちが少しずつ異なります。しかし、性質はとてもよく似ています。そこで、この本ではこの五種類のタンポポを「日本タンポポ」と呼ぶことにします。わかりやすくするために、便宜《べんぎ》的《てき》に日本タンポポと呼びますが、これは正式な名ではありません。

日本の里山に生えるタンポポは、ほかにもあります。たとえば、東北地方の平地では、エゾタ

花びらが白い、シロバナタンポポ

ンポポが見られます。外見はシナノタンポポとよく似たタンポポです。北海道の平地には、エゾタンポポやシコタンタンポポが生えています。

◆白い花のタンポポ

タンポポというと、多くの人は黄色の花を思い浮《う》かべると思います。でも、例外はあるもので、白い花を咲《さ》かせるタンポポもあります。世界には五種類の白いタンポポが知られています。そのうちの三種は日本に生えています。

日本で広い範囲《はんい》に生えているのがシロバナタンポポです。花弁は白色ですが、めしべやおしべは黄色で、花粉も黄色です。カントウタンポポなどと比べると、大きく成長することがあります。西日本を中心に、九州地方から関東北部あたりまで広がっています。近頃《ちかごろ》では、東北地方の南部でもシロバナタンポポが見つかるようです。分布が広がっているのかもしれません。それには、気候の変化が影響《えいきょう》していたり、植えこみの樹木に種子がついていたり、あるいはシロバナタンポポはきれいだからと庭に植えたりと、いろいろな理由が考えられます。

白い花のタンポポは、シロバナタンポポのほかに、中国地方と四国に生えるキビシロタンポポと、東北地方に見られるオクウスギタンポポがあります。どちらも、シロバナタンポポのような白ではなく、うすい黄色がかった色合いの花をつけます。なんとも柔《やわ》らかで優しい色です。日本の白いタンポポも、やはり里山のようなところに生えています。

日本以外に生える白いタンポポには、朝鮮《ちょうせん》半島のケイリンシロタンポポ、ヒマラヤなどの高山に生えるタンポポがあるだけ。じつは、白いタンポポは世界的にめずらしいのです。以前、わたしはヨーロッパのタンポポ研究者と話す機会がありました。もちろん、彼《かれ》らも白いタンポポには強い関心を寄せていました。

◆山に咲《さ》くタンポポ

高山の環境《かんきょう》は平地とは異なります。平地と比べれば気温が低く、植物にとっても有害な紫外線《しがいせん》が多く、雪におおわれている季節が長いといった特徴《とくちょう》があります。そのような環境《かんきょう》に合わせて、平地では見かけない、めずらしい植物が生えています。高山植物といわれる美しい草花です。コマクサやウルップソウなどは、とくに人気の高山植物です。そのほかにも、美しい草花が目白押《めじろお》しです。

高山だけに生えるタンポポがあります。高山植物とされるタンポポです。代表的なのがミヤマタンポポ。日本アルプスを中心に本州の高山で、風にゆられているタンポポです。日本アルプスは日本の屋根といわれ、標高が三千メートルほどの山々が連なっています。その日本アルプスの限られた山々にだけ、ミヤマタンポポは生えているのです。主に山頂あたりで見られます。

北海道の大雪山などに生えるクモマタンポポも高山タンポポです。クモマタンポポは北海道の限られた山で見られるタンポポです。北海道の限られた山にだけ咲《さ》くタンポポはほかにもあります。ユウバリタンポポやオオヒラタンポポがそれです。

わたしは高山タンポポを観察するために、山に登ることがあります。そのような時、山で出

日本の代表的な高山タンポポ、ミヤマタンポポ

会った方に、「わざわざタンポポを見るために、この山に登ってきたのですか？」と驚《おどろ》かれることがあります。ほかにも美しい高山植物が咲《さ》き競う中で、高山タンポポの観察に夢中になっているのは、めずらしいことなのかもしれません。

日本にはさまざまなタンポポが生えています。わたしたちは里山などでタンポポを見かけますが、それは日本の多様なタンポポのごく一部でしかありません。日本はタンポポの国であり、二十種類ほどのタンポポを見ることができる貴重な地域でもあるのです。わたしはいつか世界のタンポポを見て歩きたいと思っています。一方、世界のタンポポ研究者から見れば、貴重なタンポポがそこかしこに生えている日本はあこがれの国でしょう。

ところが、そのタンポポの国で、いま異変が起きているのです。その異変は、外来タンポポが日本に持ちこまれたところから始まります。

第3節　外来タンポポの広がり

◆外来タンポポの登場

いまでは外来タンポポが日本各地に生えています。外来タンポポのひとつであるセイヨウタンポポは、もともとヨーロッパの草花です。いつからなのかはわかっていませんが、ヨーロッパを飛び出したセイヨウタンポポは、いまでは世界中に分布を広げています。

セイヨウタンポポがいつ日本に持ちこまれたかも不明です。ただ書物などの記録から、どうやら一八八五年にはセイヨウタンポポが救荒《きゅうこう》植物として利用されていたようなのです。タンポポの葉はおひたしや天ぷらにしたり、根はきんぴらにしたりと、いろいろな食べ方があります。当時、どのような料理が人気だったのかはわかりませんが、食べ物の少ない時代にタンポポは役立つ植物のひとつだったのでしょう。もっと古い時代に、セイヨウタンポポが日本に生えていたのかどうかは、まだわかっていません。

セイヨウタンポポはまず、北海道で広がりはじめました。サラダ用の野菜として北海道に持ちこまれたセイヨウタンポポが、札幌《さっぽろ》を中心にして畑の周辺に広がっていったようです。この様子は、一九〇四年に植物学の専門誌に報告されています。報告したのは、日本の植物分類学の父、牧野富太郎《まきのとみたろう》博士（一八六二〜一九五七）でした。その報告の中で、牧野博士に「やがてセイヨウタンポポは日本中に分布を広げるだろう」と予想しています。今から百年ほど前のことです。

牧野博士は、その生涯《しょうがい》を通じて、五十万点以上の標本やいくつもの植物図鑑《ずかん》を世に残した植物分類学者です。その業績や人柄《ひとがら》などを紹介《しょうかい》した本がたくさん出版されています。どんな人物だったのか、調べてみると面白いと思います。

さて、一九六〇年代になると、日本各地に外来タンポポが生えていることが明らかになってきました。タンポポは身近な野生の草花であることから、その実態を調査するために、各地で分布が調べられるようになったのです。一九六〇年代に京都や仙台《せんだい》で始まったタンポポ調査は、徐々《じょじょ》に日本各地でおこなわれるようになっていきました。そして、一九七〇年代からは、東京で大規模な調査が定期的におこなわれました。

タンポポ調査では、主に日本タンポポとセイヨウタンポポが分布している場所を調べていきます。それらのタンポポはかたちで見分けることができますので、広い範囲《はんい》を対象にして、どのタンポポがどこに生えているのかがわかるのです。タンポポ調査で注目されるのは、一九七四年から始まった関西地方でのタンポポ調査です。これは、京都大学の堀田満《ほったみつる》さんを中心とする研究グループと大阪府《おおさか》高槻市《たかつき》の市民グループによるタンポポ調査でした。じつは、これが研究者と市民による規模の大きなタンポポ調査の始まりとされています。現在も、関西地方を中心に、定期的に研究者と市民による大規模なタンポポ調査がおこなわれています。もちろん、研究者だけでおこなわれるタンポポ調査も多くあります。

多くのタンポポ調査により、日本各地にセイヨウタンポポが広がっていることが明らかになっていったのです。こうして牧野博士の予想は、ズバリ的中したかに思われました。

外来タンポポの一つ、セイヨウタンポポ

第4節　雑種タンポポの登場

◆奇妙《きみょう》なタンポポの発見

各地に広がるセイヨウタンポポは大きな議論を巻き起こしていました。セイヨウタンポポが増えているのに対して、日本タンポポが減っているというのです。どうやらセイヨウタンポポが日本タンポポを駆逐《くちく》しているのではないか、というニュースがまことしやかに流されるようになっていました。

くわしい調査がおこなわれた結果、この現象は土地開発により日本タンポポの生育地が減ってしまったことが主な原因ということになりました。

生育地が失われれば、日本タンポポが減るのも理解できます。一方、セイヨウタンポポは新たに開発された場所に入りこめたというわけです。

こうしたなか、静岡県《しずおかけん》で奇妙《きみょう》なタンポポに気づいた人がいました。タンポポ研究の第一人者・新潟《にいがた》大学の森田竜義《もりたたつよし》さんです。そのタンポポは、姿かたちはセイヨウタンポポそっくりなのに、どこかしら様子が異なっていました。当時から、森田さんは遺伝的な実験をしながらタンポポをより深く調べていました。そして、くわしい実験により、その奇妙《きみょう》なタンポポが雑種タンポポであることを突《つ》き止めたのです。静岡《しずおか》県で採集した百株のタンポポの中に、五株の雑種タンポポが混ざっていました。この雑種タンポポが、植物の専門誌に報告されたのは一九八八年のことです。

◆雑種タンポポって何？

わたしの研究の主なテーマは雑種タンポポです。雑種は英語でいうとハイブリッド。ハイブリッドという言葉は、自動車などに使われることがあるので、なじみのある言葉かもしれません。生き物についてハイブリッドという場合には、異なる系統の親どうしの子どもを意味します。たとえば、イノシシとブタのあいだにできた子どもは雑種のイノブタとなります。

それでは、雑種タンポポの場合、親はだれなのでしょうか?……答えは、片方の親が日本タンポポ、もう片方の親がセイヨウタンポポです。もともとヨーロッパのタンポポが、日本に持ちこまれて、誕生したのが雑種タンポポというわけです。

雑種タンポポにはいくつかの種類があります。多くはセイヨウタンポポに姿がそっくりです。慣れてくれば、外見からもおおよそ見分けられます。しかし、雑種タンポポを研究するには、遺伝的な実験できちんと区別することが必要になります。近年、遺伝的な実験が新たに開発されるようになってから、雑種タンポポの実態がわかってきたのです。

雑種タンポポの存在が報告されてから数年後、さらに驚《おどろ》くような事実が判明しました。

◆地域に広がる

外来植物の中には、やっかい者もいます。たとえば、ブタクサは花粉をまき散らすため、花粉《かふん》症《しょう》の原因になります。スギの花粉が、スギ花粉症《かふんしょう》をもたらすのと同じ現象です。近年、街でも増え始めているワルナスビもやっかいです。葉や茎《くき》にトゲトゲがあるので、ケガの原因になります。また、ワルナスビは根の断片でも増えるという性質があります。このため、ていねいに刈《か》り

セイヨウタンポポに似《に》ている雑種タンポポ

取ったつもりでも、もし根が残っていれば、再びワルナスビが増えてしまうのです。セイヨウタンポポも、庭にはびこってこまるといった話を耳にします。それでもブタクサやワルナスビに比べると、街のセイヨウタンポポは、それほどやっかい者ではないように感じます。むしろ、やや穏《おだ》やかな雰囲気《ふんいき》が漂《ただよ》っているようにさえ思えます。

ところが、市街地に生えるセイヨウタンポポに、大きな異変が起きていました。それまでセイヨウタンポポと思われていたタンポポのうち、なんと九十五パーセントほどが雑種タンポポだったのです。この雑種タンポポの広がりを発見したのは、愛知教育大学の渡邊幹男《わたなべみきお》さんを中心とする研究グループです。その研究成果は一九九七年に報告されています。調査地は愛知県名古屋市、刈谷《かりや》市、豊橋市の三地点。それぞれの市で外見がセイヨウタンポポらしいものを採集して、遺伝的な情報をもとにして、セイヨウタンポポなのか、あるいは雑種タンポポなのかが調べられたのです。大阪《おおさか》府や神奈川《かながわ》県でもタンポポ調査がおこなわれました。結果は、愛知県と同じようにほとんどが雑種タンポポだったのです。

いくつかの市で雑種タンポポが増えているとなると、全国の様子が気になります。自分の住んでいる地域はどうなっているのかな？　西日本と東日本でちがうのかな？　さまざまな疑問がわくものです。そこで全国に生えるタンポポがくわしく研究されることになりました。

◆驚《おどろ》きの全国制覇《せいは》

全国に生える外来タンポポを集めるにはどうすればよいでしょうか。研究チームが手分けして採集の旅にでかけるのは、とても楽しそうです。しかしそれでは時間とお金がかかりすぎます。そこで市民の協力による調査が利用されることになりました。どんな調査だったのでしょうか？

環境省《かんきょうしょう》は数年ごとに「緑の国勢調査」をおこなってきました。二〇〇一年に実施《じっし》された「第六回・緑の国勢調査」では、身近な生き物の調査のひとつとして、全国からタンポポが集められたのです。

見た目がセイヨウタンポポらしいものが、日本各地から集められました。採集したのは各地の市民たちでした。集められたセイヨウタンポポらしきものは、遺伝子を調べる実験により、セイヨウタンポポなのか、雑種タンポポなのかが調べられました。結果は、全国から集められたタンポポのうち、八十五パーセントほどが雑種タンポポ、残りの十五パーセントがセイヨウタンポポでした。全国調査でも、やはり雑種タンポポが増えていることが示されたわけです。この研究は、農業環境《かんきょう》技術研究所の芝池博幸《しばいけひろゆき》さんを中心にした研究グループにより推し進められました。

雑種タンポポは日本各地に広がっています。わたしたちの身のまわりには、日本タンポポやセイヨウタンポポのほかに、いつのまにか新しいタンポポがメンバーに加わっていたのです。次の章では、身のまわりのタンポポのかたちにこだわって、その特徴《とくちょう》をみていきます。見なれたタンポポが、今までとちがう姿に見えてくるかもしれません。そして、実際に雑種タンポポの広がりを調べてみましょう。

第2章
タンポポのかたちと生き方

第1節　花や種子から生き方をみる

◆かたちから探る

草花は、いろいろな姿かたちをしています。特に花の色やかたちは種ごとに異なっています。葉や茎、根にも草花ごとの特徴《とくちょう》があります。そういった多様な姿かたちをじっと見ていると、小さな発見をすることがあります。たとえば、ホタルブクロのように、つり鐘《がね》型をした大きめの花があります。そこにやってくる昆虫《こんちゅう》は、チョウの仲間ではなさそうです。なぜなら、チョウにはこのようなかたちの花の蜜《みつ》は吸えそうもないからです。

ホタルブクロの花

このように、どんな昆虫《こんちゅう》が訪れるか、かたちから予想をしながら、観察してみましょう。すると、花のかたちには意味があることに気づきます。花にかぎらず、その草花の生き方に思いをはせながら、花や葉を観察すると楽しいと思います。

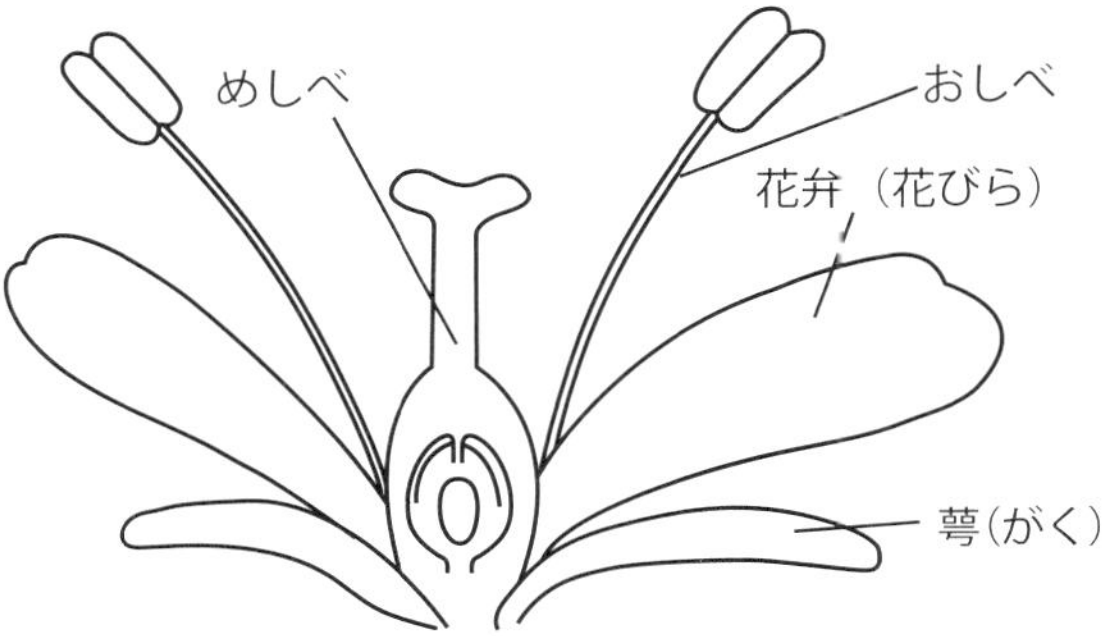

花のつくり

花は驚《おどろ》くほどバリエーションに富んでいます。少し散歩すれば、さまざまな色やかたちの花を見ることができます。花弁が少ない花や多い花、花弁が筒《つつ》のようになっている花など、花弁に着目しただけでも花の特徴《とくちょう》はさまざまです。萼（がく）が花弁のようになっている花もあります。

たくさんの花が集まってひとまとまりになっているものがあります。このような花の集まりを花序（かじょ）といいます。ひとつひとつの花は目立たなくても、それぞれが密に集まると、全体としてよく目立つようになります。

花は多様ですが、共通したつくりがあります。それは、花の外側から萼《がく》、花弁、おしべがあり、中央にめしべがあることです。もちろん例外もあります。萼《がく》や花弁がない花もあります。また、雄花《おばな》や雌花《めばな》がある草花では、めしべやおしべがない花もあります。それでも、この四つの要素である萼《がく》、花弁、おしべ、めしべは、花のつくりの基本です。もちろん、タンポポの体にも、いろいろな特徴《とくちょう》があります。見なれたタンポポですが、改めてその体をていねいに見てみましょう。タンポポの生き方が見えてくるはずです。

◆ひとつに見える花

タンポポの花には、たくさんの花弁があるように見えます。でも、よく観察すると花弁ごとに糸のようなものが出ています。これはめしべです。じつは、花弁に見えるところは、ひとつの小さな花なのです。タンポポは、小さな花が集まって、ひとつの花のように見えています。この小さな花を小花（しょうか）といいます。そして、小花の集まりを頭状花序《とうじょうかじょ》、略して頭花《とうか》といいます。まるでひとつの花のように見えるのは頭花だったのです。

頭花は花の集合したものですが、昆虫《こんちゅう》にもひとつの花に見えていることでしょう。ひとつの頭

カントウタンポポの総苞《そうほう》

開花１日目

開花２日目

開花３日目

花に注目すると、頭花の外側の小花から咲《さ》き始めます。そしてだんだんと内側の花が開花していきます。数日経つと、中央部分の小花が開花します。中央部分の小花が咲《さ》いているころ、外側の小花では、めしべがしおれているでしょう。しかし花弁が残っていますので、頭花全体では花は開いたままです。ひとつの小花が開花しているのはせいぜい二日ほどですが、小花が順に咲《さ》くので、頭花全体では長く花が咲《さ》いているというわけです。このように大きく目立つ花は、さまざまな昆虫《こんちゅう》を誘《さそ》うのに役立つはずです。

頭花の下の方は、緑色の部分に包まれています。これは萼《がく》ではありません。葉が変形したもので、総苞（そうほう）といいます。総苞《そうほう》には

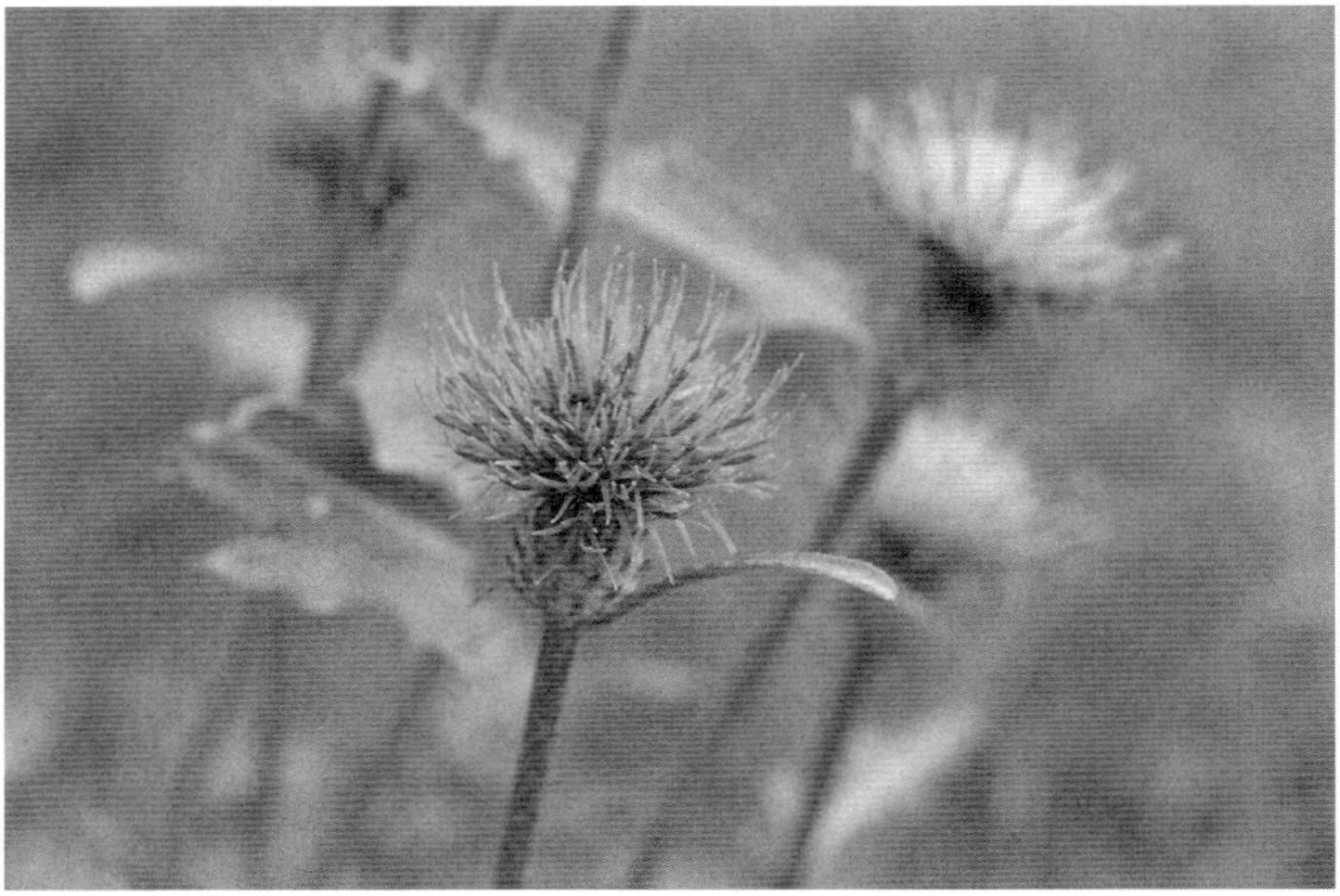

筒状花《とうじょうか》だけでできているノアザミ

小花を守る役割があります。総苞《そうほう》はたくさんの総苞片（そうほうへん）からできています。そして、タンポポの種類を見分けるときには、この総《そう》苞片《ほうへん》のかたちがポイントになるのです。

さて、総苞《そうほう》が萼《がく》でないのなら、タンポポには萼《がく》はないのでしょうか？　いいえ、萼《がく》もしっかりとあります。どこにあるのかは、このあとにお話しします。

◆舌のかたちをした小さい花

タンポポはキク科の植物です。ヒマワリ、ノギク、アザミ、コスモスなど、キク科にはたくさんの種類があります。じつは、花を咲《さ》かせる植物の中で種類がもっとも多いグループがキク科なので

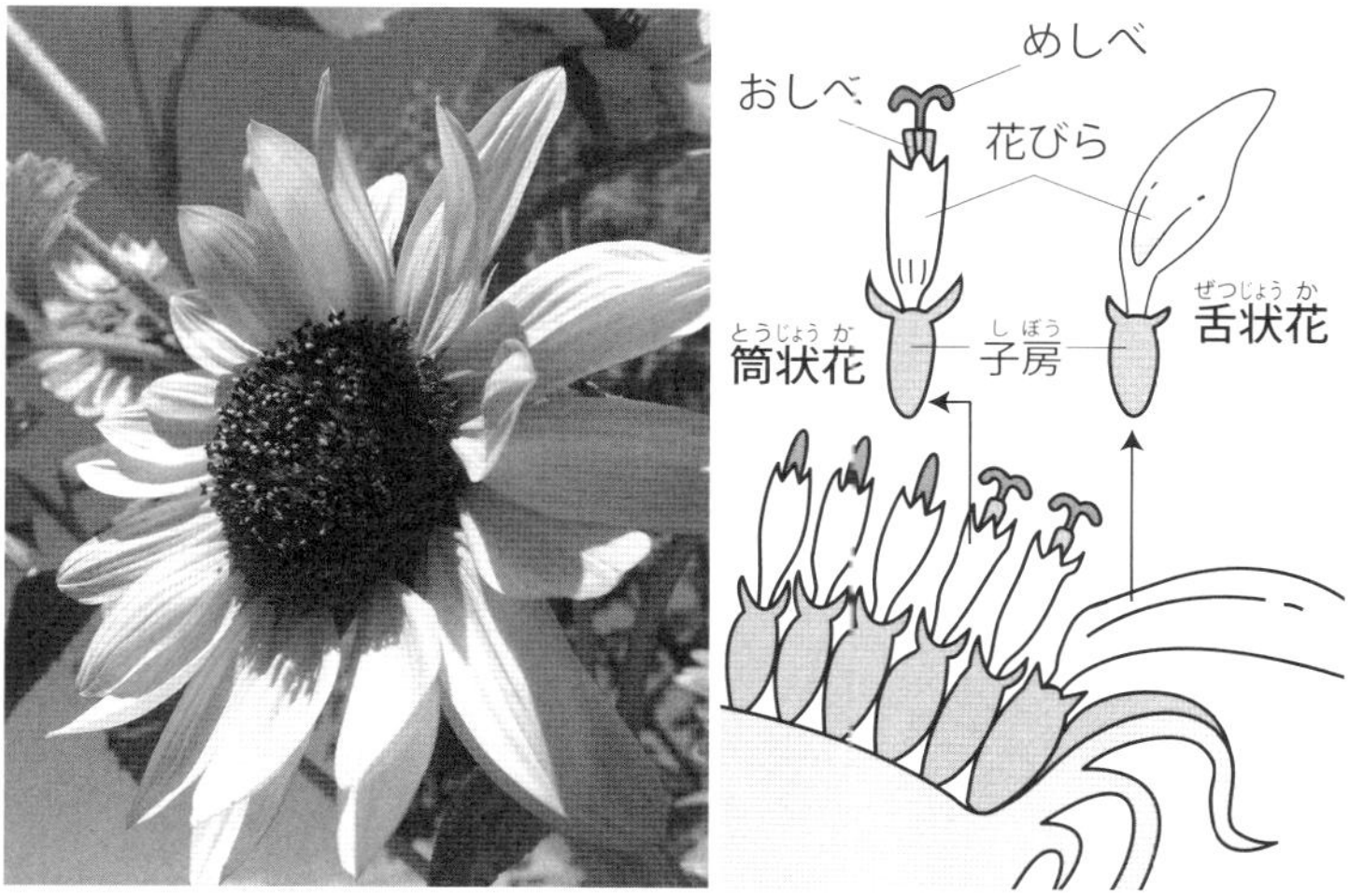

筒状花《とうじょうか》と舌状花《ぜつじょうか》でできているヒマワリ

す。身のまわりにも、数えあげればきりがないほどキク科のいろいろな植物が生えています。

キク科の植物には、ある共通の特徴《とくちょう》があります。それは小花が集合した頭花をもつことです。その小花には、大きく分けると二種類のタイプがあります。舌状花《ぜつじょうか》と筒状花《とうじょうか》（管状花《かんじょうか》ともいう）です。そのかたちは、読んで字のごとしですが、舌《ぜつ》状花《じょうか》は舌のように、筒状花《とうじょうか》は筒《つつ》（管《くだ》）のようなかたちをしています。

タンポポは舌状花《ぜつじょうか》だけで頭花がつくられています。キク科の他の草花では、たとえば、ヒマワリやコスモスなどは、頭花の外側に舌状花《ぜつじょうか》、その内側に筒状花《とうじょうか》があります。つまり舌状花《ぜつじょうか》と筒状花《とうじょうか》の両方からできているのです。一方、アザミの仲間などは、頭花が筒状花《とうじょうか》だけでできています。

◆小さくてもりっぱな花

小花はひとつのりっぱな花です。りっぱというのは、萼《がく》、花弁、おしべ、めしべがあるという意味です。小さい花なのに意外に感じるかもしれませんね。虫メガネやルーペを使いながら、りっぱな小花を観察してみましょう。

ひとつの小花を取り出してみます。すると小花の下の方には、ふわふわとした糸のような部分があります。これが萼《がく》です。みなさんは、萼《がく》といえば緑色の葉のようなものを思い浮《う》かべるかもしれません。しかし、タンポポの萼《がく》は糸状に変形しているのです。

さて、このふわふわとした糸状の萼《がく》には、どんな働きがあるのでしょうか？　花が咲き終わり、種子になる時、なんとこの萼《がく》はいわゆる綿毛の部分である冠毛（かんもう）になります。つまり、やがて風にのって種子を運ぶためのパラシュートになるのです。じつに驚《おどろ》きの変化だと、わたしはいつも思います。

花弁の先をよくみると、ギザギザしていることがわかります。ギザギザを数えると五つの山が

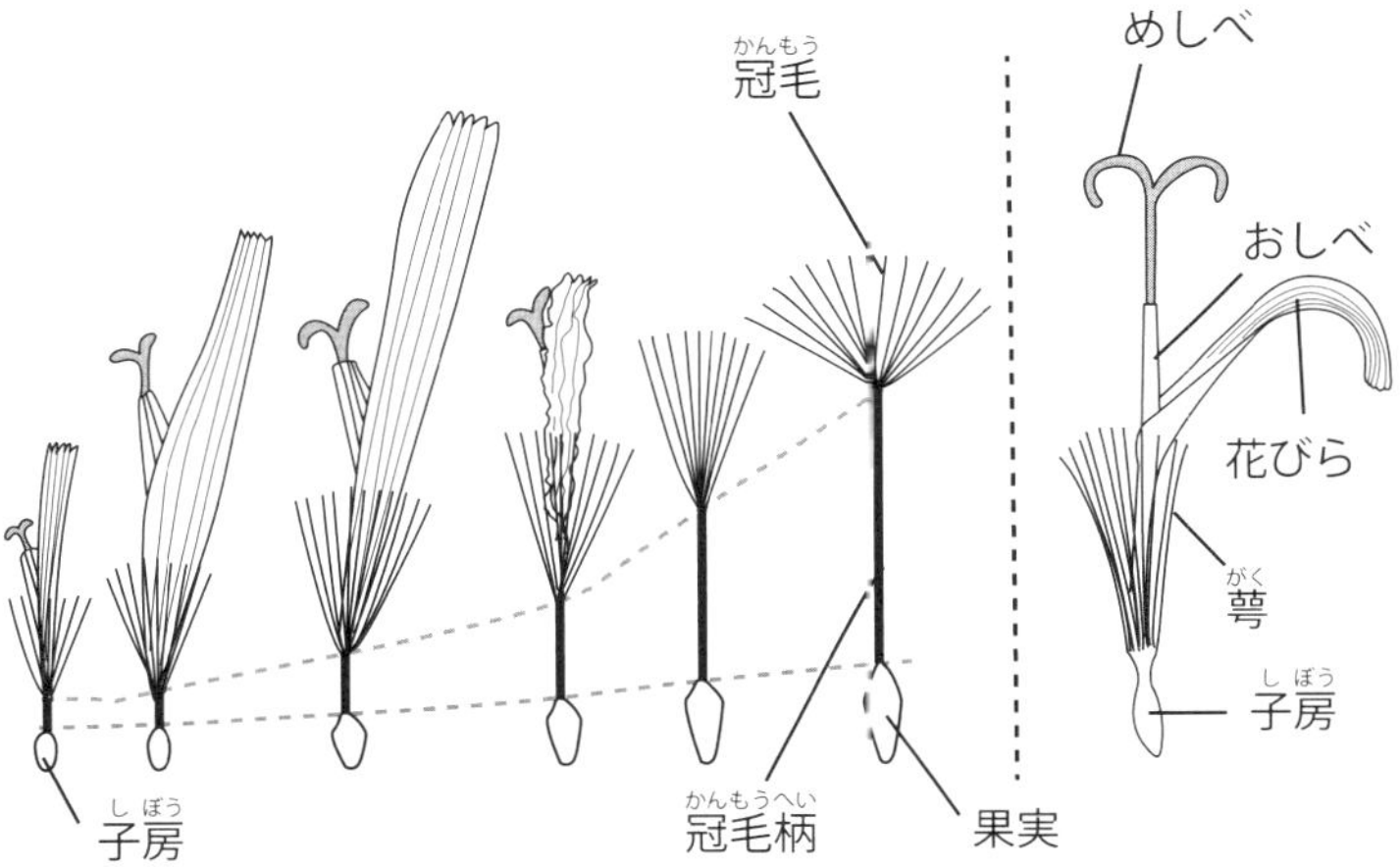

タンポポの小花の変化

あります。これは、五枚の花弁がくっついて、一枚になったことの証拠《しょうこ》です。

おしべとめしべは、見ごたえがあります。おしべは円筒状《えんとうじょう》になっています。その中に、花粉が入っているのです。その筒《つつ》の中を、やがてめしべが突《つ》き抜《ぬ》けます。そのときに花粉が外に出てくるというしくみになっているのです。その後、めしべの先が開いて、受粉できるようになります。

小花の下の方には白い粒状《つぶじょう》のものがついています。まるで虫の卵のようにも見えますが、これは子房（しぼう）といわれる部分です。子房《しぼう》の中には胚珠《はいしゅ》があります。子房《しぼう》は果実になるところ、胚《はい》珠《しゅ》は種子になるところです。

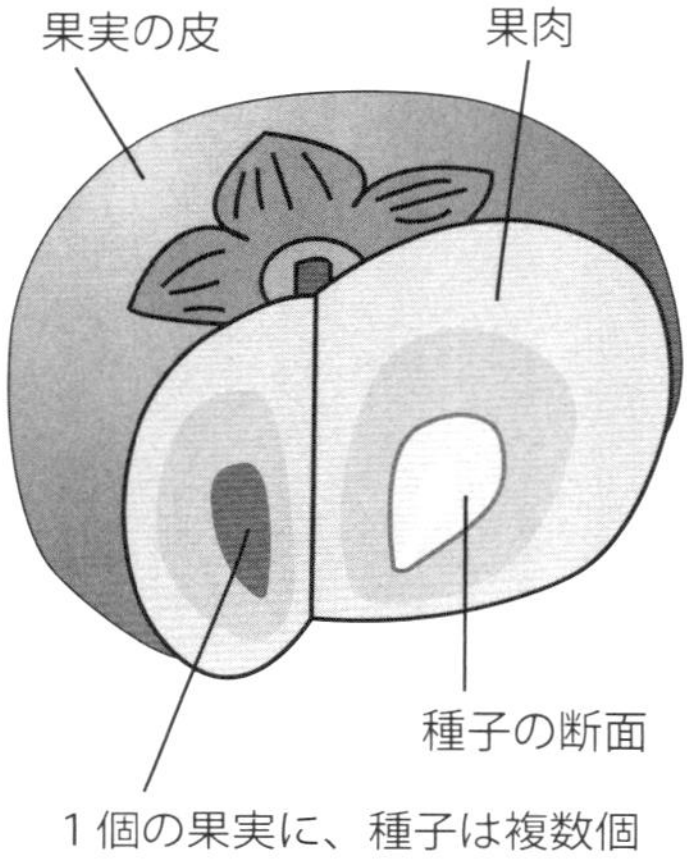

カキノキの果実

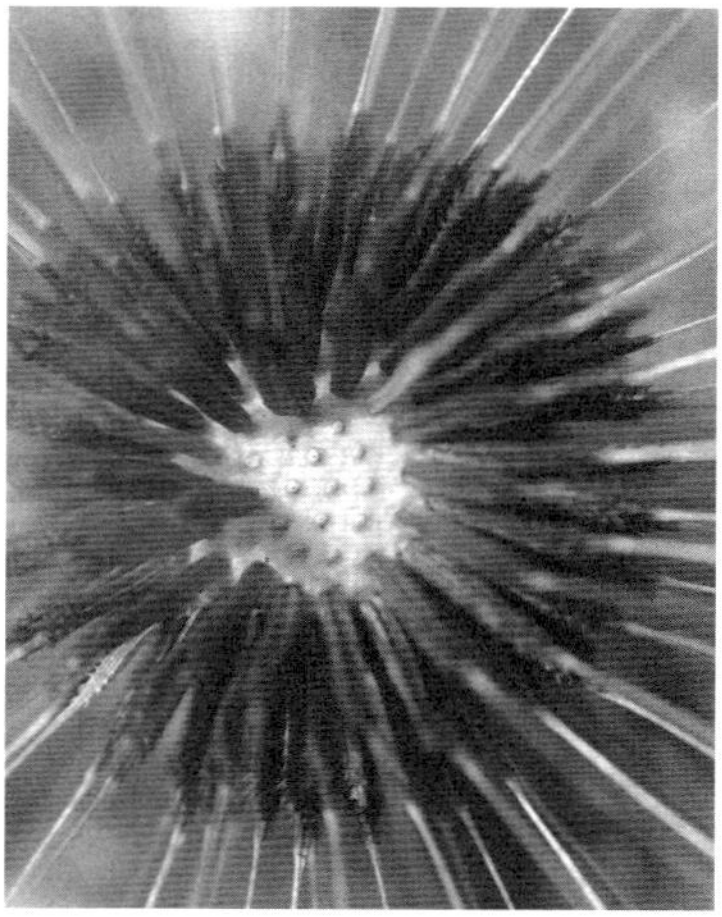

タンポポの果実（痩果《そうか》）

◆痩《や》せっぽちの果実

冠毛《かんもう》には果実がぶら下がっています。一見すると、種子のように見えるので意外に感じるかもしれませんね。タンポポの果実は、痩果（そうか）といいます。果実といえばみずみずしいイメージがあるかもしれませんが、痩果《そうか》は堅《かた》く乾燥《かんそう》しているのです。痩果《そうか》の中には種子がひとつ入っています。

みずみずしい果実と痩果《そうか》を比べてみましょう。たとえば、カキノキの果実です。カキを半分に切ると、種子のまわりに、みずみずしい果肉がついています。わたしたちが食べるのは、この果肉の部分です。タンポポでは、このみずみずしい果肉が、乾燥《かんそう》して堅《かた》くなり、薄《うす》く痩《や》せっぽちになっているというわけです。

◆にぎやかな動きを支える花茎《かけい》

タンポポの頭花は、茎《くき》の先にひとつだけ咲《さ》きます。この茎《くき》は、正しくは花茎（かけい）といいます。花茎《かけい》は茎《くき》の一種です。それでは本来の茎《くき》はどこにあるのでしょうか？　じつは、地面すれすれの葉の生えぎわにあって、とても短いものです。茎《こき》は、根とひとつながりになっているうえ、たいてい土をかぶっています。このため、タンポポの茎《くき》はふつう目につかないのです。

タンポポは花を咲《さ》かせるころに刻々と姿を変えていきます。花の季節に数日間、ひとつの個体を動画撮影《さつえい》し続けたとしましょう。そして録画した映像を早送りで再生すると、いくつもの花茎《かけい》がダイナミックに動いていることがわかるはずです。

一本の花茎《かけい》の動きを見てみます。つぼみが大きくなると花茎《かけい》が少しずつ伸《の》びていきます。花が咲《さ》くときには、花茎《かけい》はまっすぐに立ち上がります。そして、花が咲《さ》き終わると、花茎《かけい》は徐々《じょじょ》に倒《たお》れていきます。倒《たお》れたままで種子は少しずつ熟していきます。花茎《かけい》が横たわってから数週間後、花茎《かけい》は再びまっすぐ上に立ち上がり、種子を飛ばす準備をします。このときの花茎《かけい》は、花を咲《さ》か

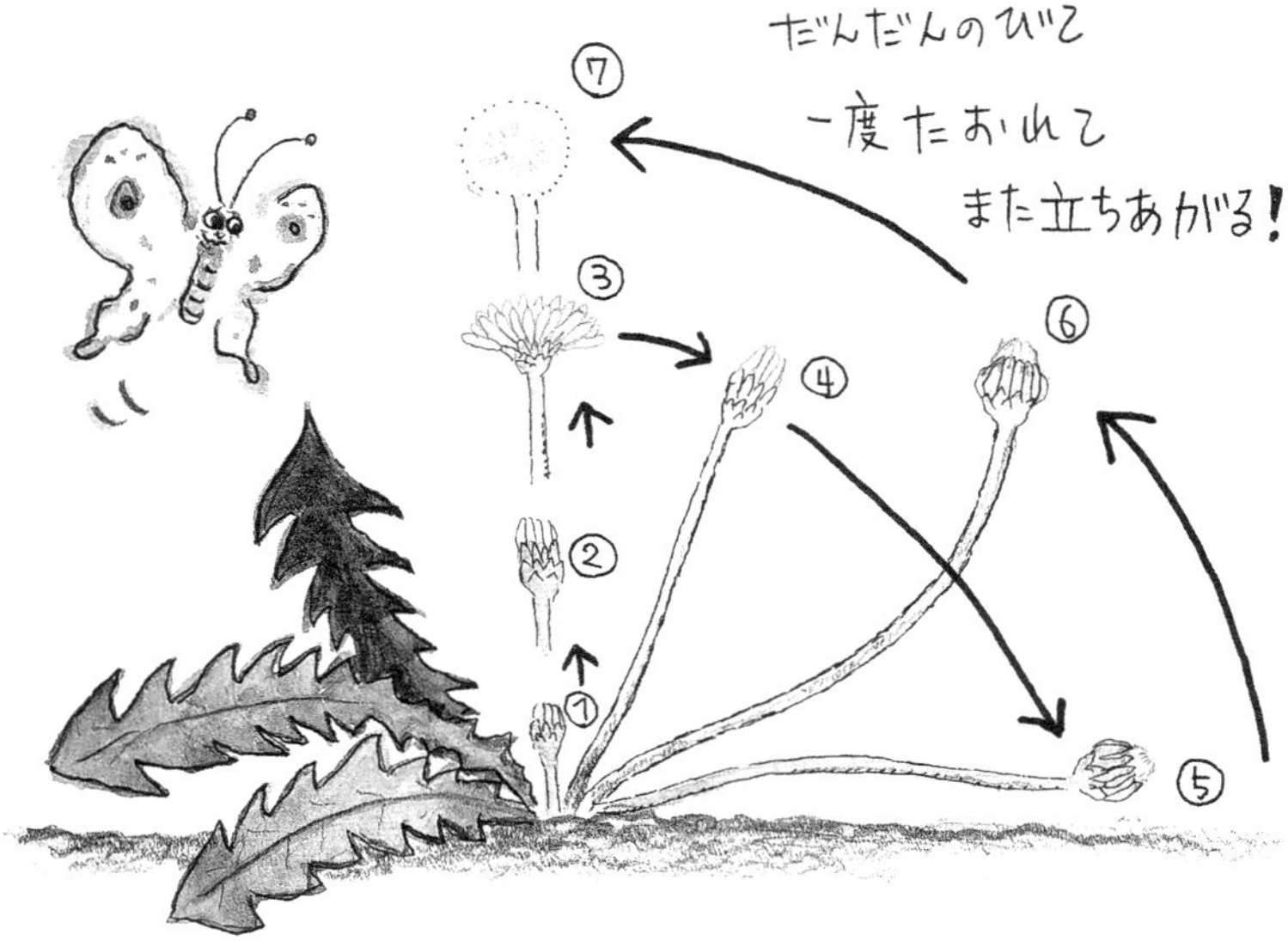

せていたときよりも、ぐっと長く伸《の》びて、さらに太く丈夫《じょうぶ》になっています。冠毛《かんもう》のついた果実は、より高いところで風にゆすられることになります。パラシュートは高いところから飛びたつ方が遠くまで旅をできるのでしょう。

花茎《かけい》は中空になっています。中空なので、花《か》茎《けい》が倒《たお》れたり、立ち上がったり、あるいは長く伸《の》びたりするのに都合がよいのかもしれません。なぜなら、中身が詰《つ》まっているよりも、素早く成長して、伸《の》びたり起き上がったりできるからです。

なお、花茎《かけい》の途中《とちゅう》に葉はついていません。葉は地面にある茎《くき》から出ているだけです。

◆ライオンにたとえられて

タンポポは、英語で「dandelion（ダンデライオン）」といいます。タンポポをライオンにみたてた名前です。タンポポのどこがライオンなのでしょうか？　タンポポの葉にはたいてい切れこみがはいっています。ノコギリの歯のようなかたちです。その葉の様子がまるでライオンの歯のようだから、というのが一般的《いっぱんてき》な説のようです。「花がライオンのたてがみのように見えるから！」という声も聞こえてきそうですが、それはちがうようです。

タンポポの葉は地面をはうように四方に広がります。タンポポのほかにも、ナズナやオオバコ、ブタナなど、多くの草花で似たような葉のつきかたを見かけます。このような葉の一枚一枚をロゼット葉といい、葉の集まり全体をロゼットといいます。地表面付近に短い茎《くき》があり、そこから葉が出ているため、地面から葉が出ているように見えるのです。

ロゼットの姿は植物ごとに異なります。冬になると、空き地や野原などで、いろいろなロゼットを見かけます。ロゼットで冬を越《こ》す植物が多いことに気がつきます。ロゼットには、どのような利点があるのでしょうか？

コウゾリナのロゼット

タンポポのロゼット

たとえば、冬の寒さの中でも、晴れた日には陽なたはぽかぽかとし、地温は気温よりも高くなっています。その地温によってロゼット葉は暖められやすくなると考えられています。葉の温度が高ければ、光合成の働きが良くなるので、植物が生きていく上では有利になります。草花は、太陽の光を浴びながら、空気中の二酸化炭素と、根から吸い上げた水を使って、光合成をしています。生きていくのに必要な糖をつくっているのです。一方、温度が低すぎると光合成がうまくできなくなります。このように、寒い冬に、うまく光合成しているのがロゼット植物なのです。

また、草丈《くさたけ》が低いので、踏《ふ》みつけ、草刈《くさか》りや食害といった、人や動物による被害《ひがい》も受けにくくなります。これは、背の高い草花と比べるとよくわかります。背が高い草だと、踏《ふ》みつけられれば、茎《くき》ごと折れてしまうでしょう。真っ先に草刈《くさか》りもされるでしょうし、動物にも目につきやすくなるでしょう。

ただし、ロゼットには欠点もあります。周囲を背の高い草でおおわれてしまうと光合成ができなくなるのです。そこで、ロゼット植物は、他の植物が枯《か》れている季節に葉を広げて光合成をしたり、あるいは植物が混み合っていないところに生えていることが多くなります。

タンポポはロゼット植物です。ですから、上をおおわれることが苦手なのです。

◆べたべた成分

タンポポの花茎《かけい》や葉をちぎると、白い汁《しる》がにじみ出てきます。この白い液は乳液といいます。乳液は葉や茎《くき》、根など、体中に張りめぐらされた特殊《とくしゅ》な管に蓄《たくわ》えられています。そのため、ちぎると管が破れて、切り口から乳液がしみ出してくるのです。乳液の主な成分は、タンパク質や糖、脂質《ししつ》、ゴム質、アルカロイドなどです。

意外にも、乳液の役割ははっきりしていません。タンポポの乳液を指でさわるとべたべたして

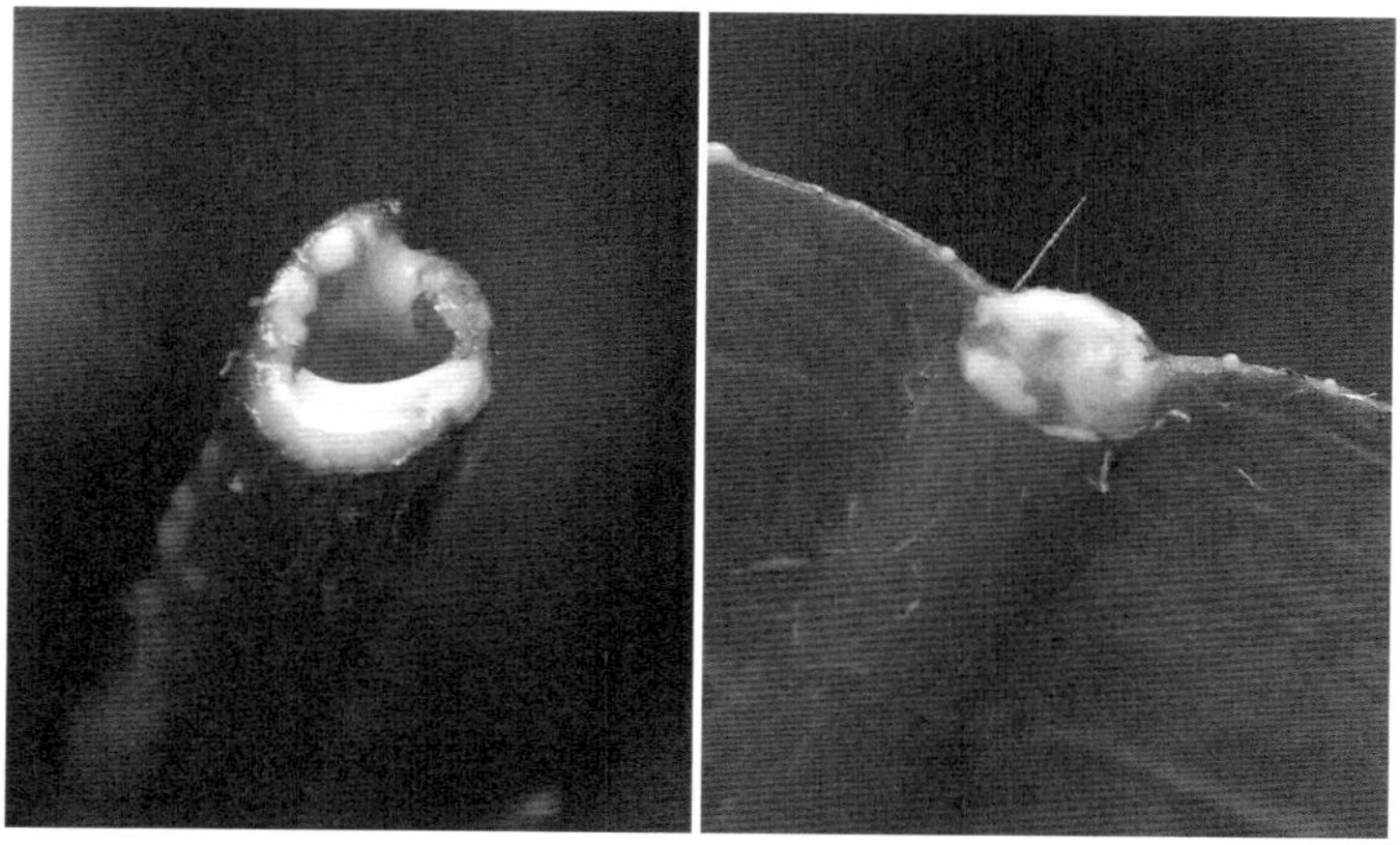

タンポポの茎と葉から出る乳液

います。このべたべた成分があると、イモムシなどが葉を食べたとき、口が動きにくくなるのでしょう。そのため、タンポポが食害されにくくなるのではという説があります。ほかには、傷口から病原菌《びょうげんきん》がタンポポの体内に入るのを防いでいるという説もあります。

タンポポの乳液が、天然のゴムつくりに利用されることもあります。そこで使われるタンポポの名は「ゴムタンポポ」。ロシアなどで栽培《さいばい》されています。そのほか、乳液には薬として役立つ成分が含《ふく》まれているという研究もあります。

タンポポのほかにも、乳液をもつ植物があり、その数は数万種におよびます。主な植物に、サツマイモ、イチジク、クワ、ゴムノキ、トウダイグサなどが挙げられます。乳液成分は種ごとに異なり、有害成分が含《ふく》まれていることもあります。乳液は、アルカロイドにより食害を防ぐことや、ゴムや樹脂《じゅし》の成分で傷口を防ぐこと、あるいは栄養分となることなどに役立っているとされます。また、不要な成分を乳液中にためているだけかもしれないという説もあります。おそらく乳液は、植物ごとに異なる働きを持つのでしょう。

第2節　そっくりさん

◆タンポポに似ている草花

道ばたには、どことなくタンポポに似ている草花が咲《さ》いています。たとえば、ブタナ、ニガナ、ノゲシ、ジシバリなどです。図鑑《ずかん》などを見ながら、どんな草花か調べてみましょう。

タンポポとタンポポに似た草花をどうやって見分けるのでしょうか？　わかりやすいのは、タンポポでは、「花茎《かけい》が枝分かれすることなく、一本の花茎《かけい》にひとつの頭花がつく」という点です。もう少しくわしく見比べてみましょう。

タンポポの頭花はすべて舌状花《ぜつじょうか》からつくられています。ブタナ、オニタビラコ、ニガナ、ノゲ

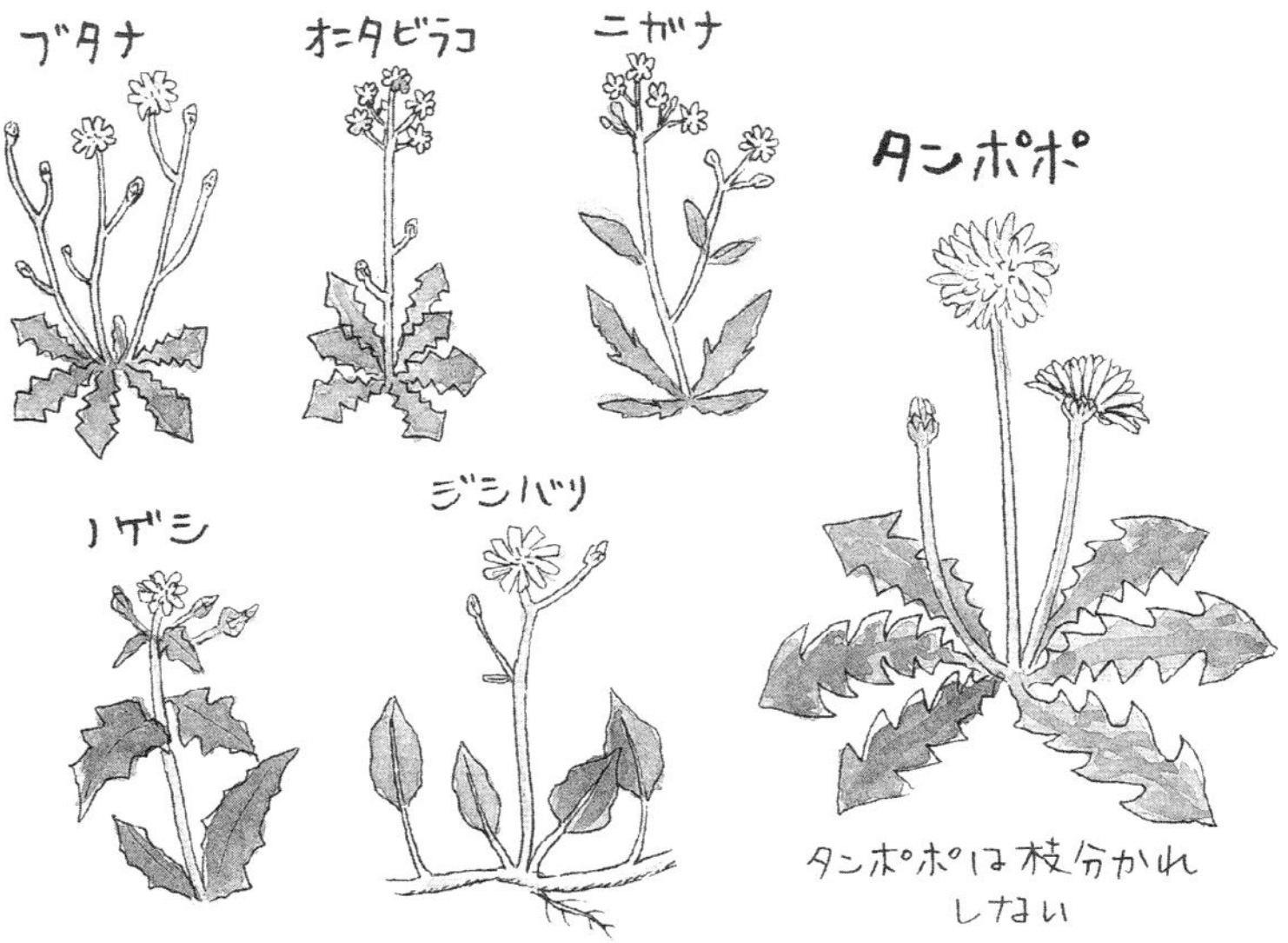

シ、ジシバリも、頭花は舌状《ぜつじょう》花《か》だけからできています。このことから、タンポポと見分けるには、花の姿に加えて、花以外の部分がポイントになるとわかります。

タンポポと似ている草花ナンバーワンは、おそらくブタナです。あまりに似ていることから、タンポポモドキの別名まであるほどです。ブタナは高さ五十センチ以上になります。花茎《かけい》の上の方で枝分かれして、その先にそれぞれ花が咲《さ》きます。ここがタンポポとのちがいです。花の直径は三〜四センチです。

オニタビラコは、里山から市街地まで、ふつうに見られます。日当たりのよいところに生え、高さは二十〜百センチになります。茎《くき》の先は枝分かれし、枝先に直径一センチに満たない、小さな頭花が咲《さ》きます。

ニガナは道ばたや日当たりのよい草地などに生えます。高さは三十センチほど。茎《くき》は枝分かれします。頭花の直径は一・五センチほどで、初夏から夏に花を咲《さ》かせます。タンポポを小さくしたような花ですが、小花の数は五～七個です。

ノゲシは道ばたや空き地に生えます。高さは五十～百センチほどになります。茎《くき》がまっすぐに伸《の》び、茎《くき》の途中《とちゅう》に葉がついています。葉の周囲にとげのようになっています。

ジシバリには地をはうように横に伸《の》びる茎《くき》があります。その茎《くき》の途中《とちゅう》に丸っこい葉がついています。日本各地の日当たりのよいところに生え、春から夏にかけて花が咲《さ》きます。頭花の直径は二・五センチほど。なおオオジシバリは、ジシバリに似た花を咲《さ》かせますが、頭花の直径は三センチほど。ジシバリと同じく、茎《くき》が地面をはいます。

タンポポと、タンポポに似ている草花には、共通の特徴《とくちょう》があります。頭花は舌状花《ぜつじょうか》だけでつくられていて、葉や花茎《かけい》を切ると白い乳液が出てくることなどです。一方、タンポポだけに見られる特徴《とくちょう》は、花茎《かけい》が枝分かれしないこと、そして一本の花茎《かけい》にひとつの頭花がつくことです。この点に注目しながら、そっくりさんも合わせて観察してみましょう。

次はタンポポの種類を見分けてみます。

第3節　タンポポを見分けるポイント

◆注目するのは総苞片《そうほうへん》

タンポポの種類を見分けるには、頭花を横方向から観察しましょう。タンポポを見分けるポイントはズバリ総苞片《そうほうへん》です。総苞片《そうほうへん》の反り返り具合や、総苞片《そうほうへん》の小角突起《とっき》があるか、ないか、あるなら大きさはどのくらいかなどは種類ごとに異なっています。総苞片《そうほうへん》のかたちに加えて、花粉の状態、花の色、種子の色、生えている場所、葉の様子なども大切な情報です。ごく身近なタンポポを例にして、具体的にみていきましょう。

◆日本タンポポ

総苞片《そうほうへん》は反り返らず、頭花にぴったりとくっついています。総苞片《そうほうへん》にある小角突起《とっき》もチェックポイントです。小角突起《とっき》があるタンポポでも、突起《とっき》の大きさやかたちには、さまざまなバリエー

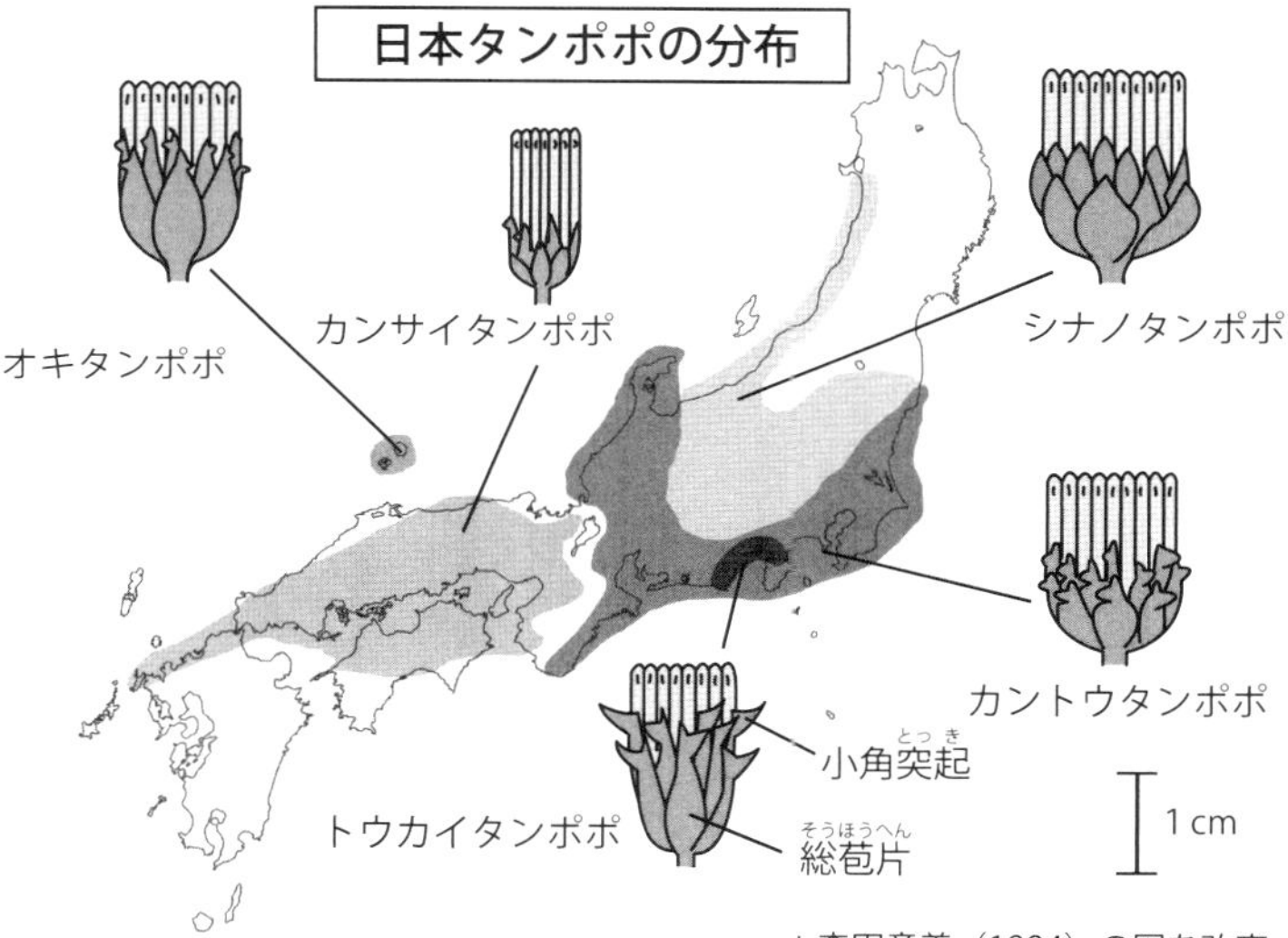

＊森田竜義（1994）の図を改変

ションがあります。

カンサイタンポポは、近畿《きんき》地方から北九州にかけて、広く分布します。頭花の直径は三センチほどです。総苞片《そうほうへん》の先端《せんたん》にある小角突起《とっき》は小さく、目立ちません。

オキタンポポは、隠岐諸島《おきしょとう》にだけ分布しています。総苞片《そうほうへん》が細長く伸びて、小角突起《とっき》は小さく、目立ちません。

シナノタンポポは、北関東から甲信越《こうしんえつ》地方に分布します。頭花の直径は五センチほどです。総苞《そうほう》片《へん》は広い卵形で、小角突起《とっき》はないか、目立ちません。

トウカイタンポポは、静岡《しずおか》県や愛知県などに分布します。頭花の直径は四センチほどで、総苞片《そうほうへん》が長く、小角突起《とっき》が大きいのが特徴《とくちょう》です。

カントウタンポポは、関東地方から東海地方、北陸地方などで広く見られます。トウカイタンポポとシナノタンポポあるいはカンサイタンポポとの中間的な特徴《とくちょう》があるとされています。

◆外来タンポポ

日本でみられる外来タンポポには、セイヨウタンポポとアカミタンポポがあります。どちらもヨーロッパ原産のタンポポです。

セイヨウタンポポは、世界中に広がっていて、日本各地にも分布しています。総苞片《そうほうへん》は強く反り返り、花粉の量は多めです。ただし、花粉のないセイヨウタンポポもあるといいます。北海道や東北地方には、雑種タンポポよりも、セイヨウタンポポが多く見られます。一方、関東地方よりも西の都市では、セイヨウタンポポは少数派になり、見つけるのに苦労します。セイヨウタンポポの果実の色はうす茶色から褐色《かっしょく》です。

アカミタンポポはセイヨウタンポポにそっくりです。総苞片《そうほうへん》が強く反り返る点なども同じです。両者のちがいは果実の色です。アカミタンポポの果実の色は暗赤色から赤紫《あかむらさき》色で、すなわち

果実が赤い、アカミタンポポ

赤実《アカミ》。セイヨウタンポポとは果実の色で区別できます。

◆雑種タンポポ

雑種タンポポにはいくつかの種類があることがわかっています。正確に区別するには、実験室で薬品などを使ってきちんと調べる必要があります。しかし、見た目でも、雑種タンポポを大まかに見分けることができます。ここでは、便宜的《べんぎてき》に三タイプに分けてみましょう。

雑種タンポポ・タイプ一の特徴《とくちょう》は、総苞片《そうほうへん》が強く反り返ることです。総苞片《そうほうへん》の様子がセイヨウタンポポによく似ています。このタイプの雑種は、大部分が花粉はできません。この点でセイヨウタ

① 雑種タンポポ・タイプ1
② 雑種タンポポ・タイプ2
③ 雑種タンポポ・タイプ3
④ セイヨウタンポポ
⑤ 日本タンポポ
（カントウタンポポ）

ンポポと区別できることが多くなります。セイヨウタンポポはふつう、花粉がたくさんついているからです。日本中に分布しています。

タイプ二の特徴《とくちょう》は、総苞片《そうほうへん》があまり反り返らないことと、花粉をつけることです。花粉があることは、指で花をそっとさわることで確かめられます。指先に黄色い粉がついていれば、それが花粉です。

タイプ三は、総苞片《そうほうへん》がぴたりとくっついています。その姿はカントウタンポポなど、日本タンポポにそっくりです。どのように見分けたらよいのでしょうか？　カントウタンポポと比べると、総苞片《そうほうへん》の色がやや濃《こ》いことや、小角突起《とっき》があまり目立たないこと、花粉が少ないことなどの特徴《とくちょう》があります。また、市街地にぽつんと一株だけ咲《さ》いていることもあります。ここ数年、タイプ三の雑種をよく見かけるようになりました。日本各地に分布しているようですが、くわしい分布などはよくわかっていません。

野外でタンポポを見ていると、ここで紹介《しょうかい》した三タイプのどれともつかない、中間的な特徴《とくちょう》を持つタンポポに出会うかもしれません。ぜひ、じっくりと調べてみましょう。

第4節　実験で調べる

◆雑種タンポポを正確に調べる方法

雑種タンポポが発見されるまでは、セイヨウタンポポと日本タンポポの区別はかんたんでした。総苞片《そうほうへん》が反り返っていればセイヨウタンポポ、反り返らずにくっついていれば日本タンポポと判別できたからです。なれた人なら、双眼鏡《そうがんきょう》で遠くからみても、両者を見分けることができたでしょう。

ところが、雑種タンポポの出現により、その見分け方は少しむずかしくなりました。雑種タンポポの特徴《とくちょう》が、どれもセイヨウタンポポと日本タンポポの中間だったら、まだ良かったのかもしれません。しかし、実際にはセイヨウタンポポにそっくりな雑種タンポポや、日本タンポポにそっくりな雑種タンポポが存在しているのです。

このため、雑種タンポポとそれ以外のタンポポとを、きちんと区別して研究を進める必要があります。雑種タンポポとセイヨウタンポポ、日本タンポポは、DNAの配列のちがいをもとにして、正確に見分けることができます。DNAの配列は専用の装置や試薬を使って調べます。

DNAとは、デオキシリボ核酸《かくさん》という物質のことです。いわば、生き物の遺伝情報《いでんじょうほう》を書くための特別な文字のようなものだと考えるとよいでしょう。DNAには、アデニン、チミン、グアニン、シトシンという四種類の異なる塩基《えんき》があります。この四種類の塩基の並び方、つまりDNAの配列が、種ごとに異なっているのです。日本タンポポとセイヨウタンポポにも、DNAの配列が異なっている部分があります。この部分を目印にして、雑種タンポポか、セイヨウタンポポか、あるいは日本タンポポなのかを調べていくというわけです。

第5節　種子のでき方は二通り

◆種子のでき方にちがいあり！

身近なタンポポのひみつを探るのに興味深い実験があります。それは種子のでき方に関するものです。この実験を最初におこなったのは、デンマークの植物学者ラウンケア博士です。ラウンケア博士は、冬芽をつける位置に着目して植物のくらしを分類し、気候との関係をまとめたことで知られています。植物生態学の教科書にはラウンケア生活型として紹介《しょうかい》されています。

ラウンケア博士は、セイヨウタンポポを用意して、つぼみの上半分をハサミで切り取りました。すると、花が咲《さ》いても、その花にはめしべの先がありません。なぜなら、めしべの上の部分が切り取られてしまったからです。じつは、ハサミを入れた目的は、めしべに自分の花粉や他のタンポポの花粉がつかないようにするためでした。

ところが、数週間すると、花茎《かけい》が立ち上がり、しっかりと種子ができていたというのです。この実験から、セイヨウタンポポは花粉がなくても種子ができることがわかりました。

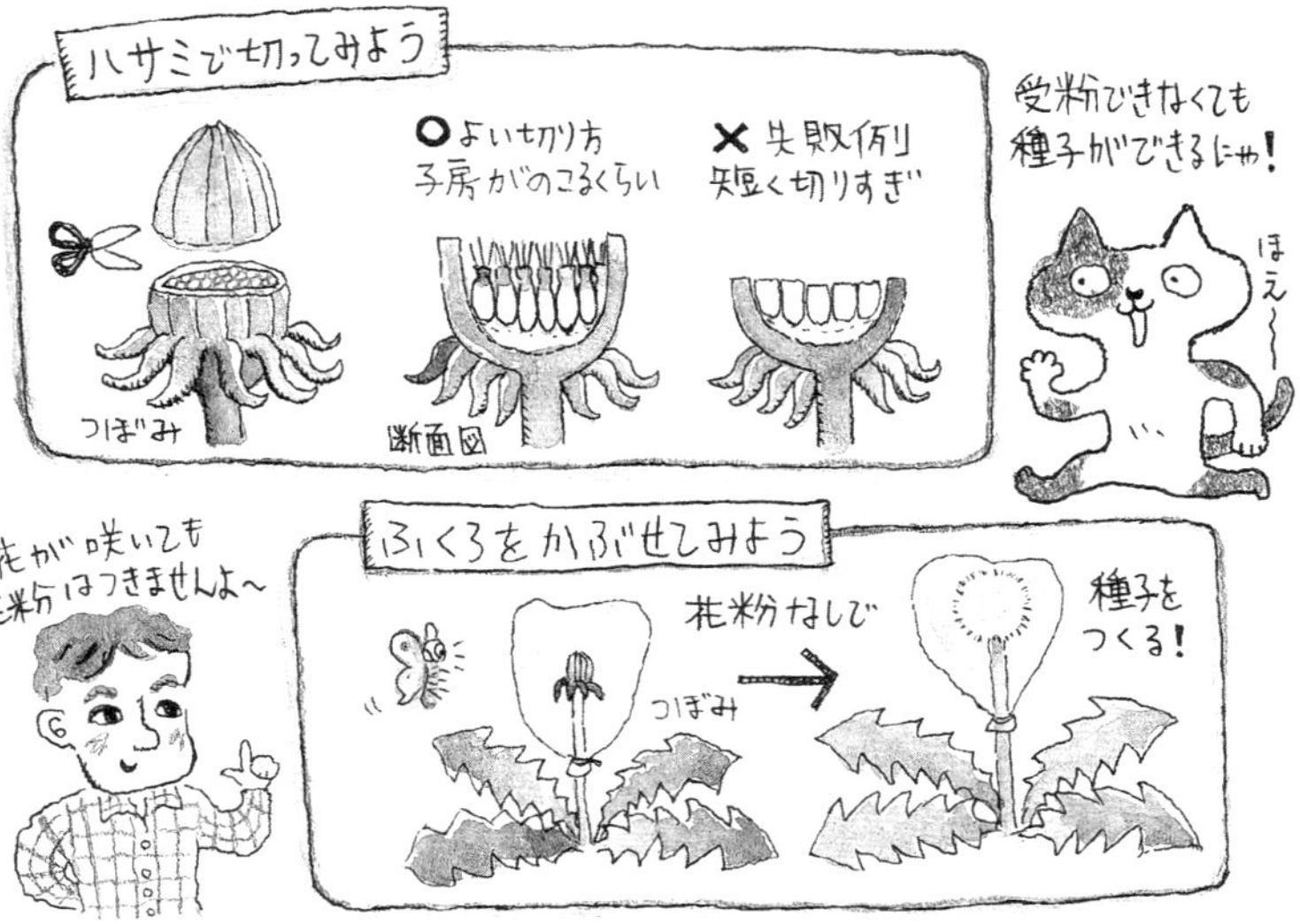

わたしたちが実験をするときには、ハサミを入れる代わりに、封筒《ふうとう》や布袋《ぬのぶくろ》をつぼみにかぶせてもだいじょうぶです。この実験のポイントは外からの花粉を遮《さえぎ》ることです。つぼみは袋《ふくろ》の中で花を咲《さ》かせますが、袋《ふくろ》にじゃまされて、外からタンポポの花粉が運ばれてくることはありません。この実験をセイヨウタンポポと雑種タンポポでやってみると、何ごともなかったかのように種子ができます。セイヨウタンポポだけでなく、雑種タンポポも、花粉なしで種子をつくることがかんたんに調べられます。

同じ実験を日本タンポポでもやってみましょう。すると、へなへなとした細い果実がつくられるだけです。これを「しいな」といいます。

種子がうまく育たずに、果実の殻《から》だけができた状態です。このことから日本タンポポが種子をつくるには、他の日本タンポポから花粉を受けとることが必要だとわかります。

さて、これらの実験から、タンポポの種子のつくり方には、種類ごとに二通りの方法があるとわかります。ひとつは、花粉を受け取らないで種子をつくる方法です。セイヨウタンポポや雑種タンポポでみられます。もうひとつが、花粉を受け取って種子をつくる方法です。こちらは、日本タンポポでみられます。

◆日本タンポポの受粉と受精

日本タンポポの種子がつくられるまでをみてみましょう。まず、昆虫《こんちゅう》により運ばれてきた花粉がめしべにつきます。これを受粉といいます。受粉すると、花粉からとても細いチューブのような花粉管がどんどん下へ伸《の》びていきます。そして、めしべの根元にある胚珠《はいしゅ》にまで伸《の》びて受精します。受精した胚珠《はいしゅ》は、やがて種子になるのです。

このような種子のつくり方を「有性生殖《せいしょく》」といいます。有性生殖《せいしょく》するタンポポの代表が、カントウタンポポやカンサイタンポポ、オキタンポポ、トウカイタンポポ、シナノタンポポなどで

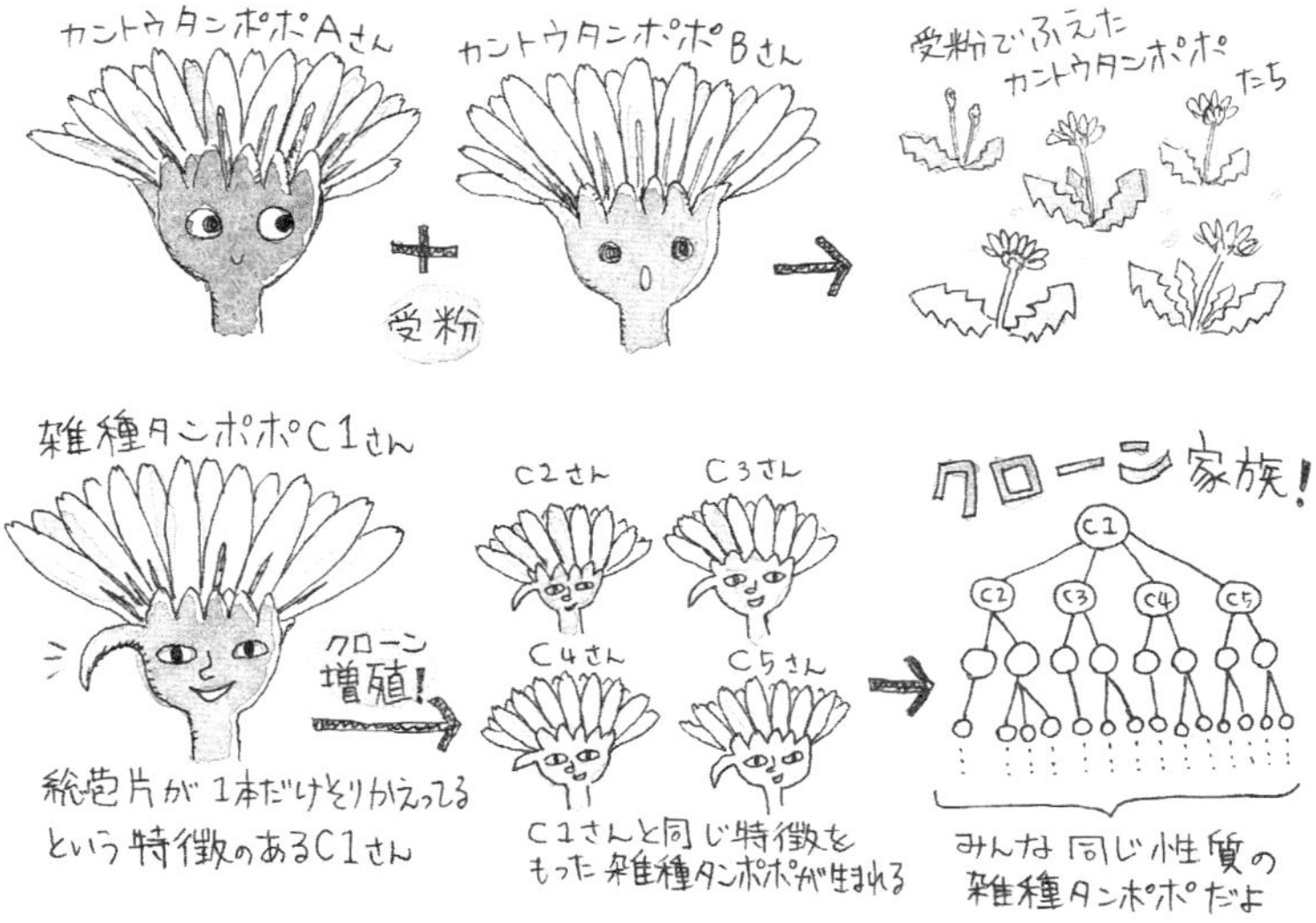

す。この本では、この五種類のタンポポを「日本タンポポ」と呼ぶことにしていました。じつは、この本で日本タンポポとまとめたのは、いずれも、有性生殖《せいしょく》するタンポポだからだったのです。

なお、ニホンタンポポは自分の花粉を受粉しても種子はできません。

◆クローンで増える

セイヨウタンポポと雑種タンポポは、花粉なしで種子をつくります。つまり、受粉の必要がないのです。そして、種子は親と遺伝的に同じで、いわゆるクローンの種子になります。

植物では、クローンで増えるという現象はめずらしいことではありません。たとえば、わたしたちがふだん食べているジャガイモは塊茎《かいけい》といわれる部分です。このイモからも芽が出て、増えることができます。また、ヤマノイモはムカゴでも増えることができます。

植木などでは、挿《さ》し木や接ぎ木でクローンの樹木を増やすことがあります。

毎年春になると桜前線が発表されますが、これは日本各地のソメイヨシノの開花日を表したものです。ソメイヨシノは種子をつくりません。そこで、接ぎ木などで増やしたものが各地に植えられたのです。そのため、日本各地に植えられているソメイヨシノは、大部分が同じクローンとされています。同じクローンなので、温度の感じ方もほぼ同じと考えられます。ですから、南から北に向かって暖かくなるのに合わせて、桜前線も北上していくというわけです。もしも、ソメイヨシノがクローンでなければ、ひょっとしたら温度の感じ方がバラバラになり、今のようなきれいな桜前線をつくるのはむずかしいかもしれません。

このように、体の一部が成長して親になる「しくみ」を持つ植物が、知られているのです。

クローンの種子で増えるタンポポは、たくさん知られています。というよりも、大部分のタンポポはクローンの種子で増えるのです。セイヨウタンポポや雑種タンポポのほかには、シロバナタンポポやエゾタンポポなども知られています。たった一個体が根をおろせば、その個体からどんどんとクローンの種子がつくられることになります。しかも、イモやムカゴよりも、種子の方が広がりやすいという特長があります。

第6節　実際に調べてみよう

◆メモをとりながら

タンポポ調査をする時には、記録をとるようにしましょう。調査道具とは、ノートとペン、定規、虫メガネかルーペ、カメラなど。もしも種子などを持ち帰るなら、封筒《ふうとう》があると便利です。

調査道具が準備できたら、早速タンポポ探しです。春ならばいろいろなタンポポを見ることができると思います。それ以外の季節でも、ぽつんと花を咲《さ》かせていることがありますので、ときどき足元の花を観察すると良いかもしれません。なお、メモ帳の代わりにカメラで撮影《さつえい》しておくだけでも記録になります。いつ、どこで、どんなタンポポを見たのか記録していきます。そのときには、次のページのようなチェックリストを用意しておくと便利かもしれません。いろいろな工夫をして楽しんでみましょう。

タンポポを掘る筆者

駐車場《ちゅうしゃじょう》や空き地、道ばた、公園、神社、野原、田畑の畦《あぜ》など、いろいろな場所で、どんなタンポポが生えているかを調べてみると、タンポポがどのような場所を好むのかがわかってきます。日本タンポポが多い場所はどんなところでしょうか？

雑種タンポポがたくさん生えている場所には、セイヨウタンポポは生えているでしょうか？セイヨウタンポポはどんなところに生えているでしょうか？

ところで、正確な記録は、研究者にとっても貴重な情報になることがあります。たとえば、記録から、タンポポの種類が変化していく様子などがわかれば、きっと貴重なデータになると思います。

◆タンポポ調査記録

調査日	'00年 3月22日	調査者	N. U.
種名	シロバナタンポポ		
場所	飯田橋と市ヶ谷のあいだ		
環境	日当りのよい お堀の土手		
状態	2株が はなれて あった。		

●気付いたこと・感想

他にセイヨウタンポポらしいのがあったけれど、近づいて確認することができなかった。

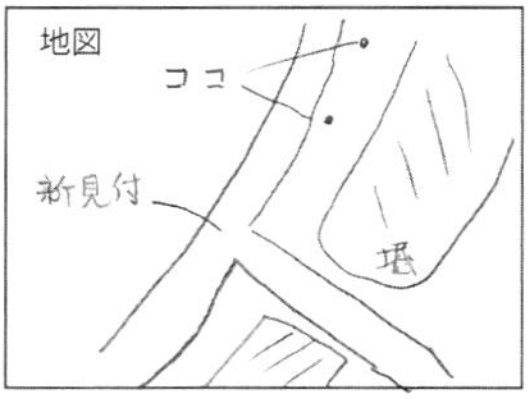

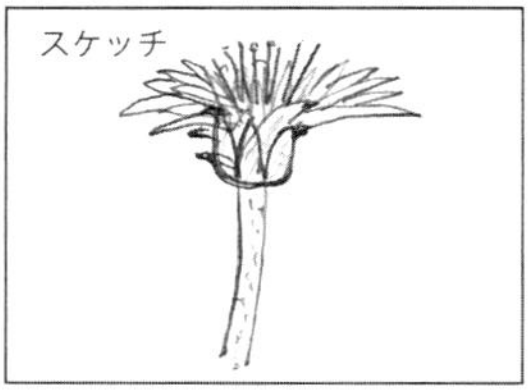

◆注意しながら

市街地や里山などでタンポポ調査をする場合には、注意することがいくつかあります。特に市街地は、人が多い、自動車が走る、自転車も通るなど、にぎやかなところです。くれぐれも子どもだけで出かけたりせず、大人にも参加してもらいましょう。また、タンポポに限らず、調査に夢中になっていると、まわりが見えにくくなります。自動車や自転車などの事故に巻きこまれないように、いつも注意してください。

トラブルもやっかいです。わたしはタンポポ調査をするときには、なるべくさわやかに挨拶《あいさつ》をするようにしています。しゃがみこんで、タンポポの果実を集めたり、株を掘《ほ》ったりしていると、周囲の方は「何をしているんだろう?」と気になるかもしれません。挨拶《あいさつ》は基本です。わたしは幸運にもトラブルに巻きこまれたことはありませんが、人の多いところでは周囲への心配りも大事にしましょう。

挨拶《あいさつ》から交流が生まれることがあります。たとえば、現地の情報などをくわしく教えてもらったことがありました。また、話しこんでいるうちに、お茶をごちそうになったこともありました。調査に協力してくれるという、うれしい申し出もありました。敷地《しきち》での調査を快く許可していただいたこともありました。市街地での調査には、人との交流という楽しみがあるかもしれません。

もうひとつ、気をつけて欲しいことがあります。それは、タンポポをむやみに持ち帰らないということです。実験や観察などに使うなら、必要な分だけを掘《ほ》りましょう。また、種子を採集した時には、袋《ふくろ》に入れてきちんと管理しましょう。掘《ほ》り出したタンポポや種子を、むやみにばらまかないようにしてください。このことは、タンポポに限らず、野の草花を扱《あつか》う時にも気をつけましょう。

もし余分に持ち帰ってしまったタンポポがあったら、それはどこか別の場所に植えたりせずに、せっかくですから標本にしてみましょう。標本の作り方はかんたんです。まずタンポポを新聞紙にはさみます。その上下に水分を吸収させるための別の新聞紙を重ねます。それを二枚の板ではさみ、板の上に重しを乗せて二週間ほど乾燥《かんそう》させます。水分を吸収させた新聞紙は、時々交《こう》換《かん》しましょう。乾燥《かんそう》させたタンポポとラベルを厚紙に貼《は》り付けたら完成です。ラベルには、タンポポの種類、採集日、採集者、採集場所などを書いておきましょう。

第3章
雑種タンポポの研究

第1節　都市に広がる雑種タンポポ

◆身近な現象を研究テーマに

都市を舞台《ぶたい》にタンポポが劇的に変化してきました。都市は開発が進み、地面はアスファルトなどで舗装《ほそう》されています。ここ数十年で野原や雑木林はどんどん消えていきました。里山のような環境《かんきょう》に生える日本タンポポは、まさに生息地を奪《うば》われてきたのです。やがて都市的な環境《かんきょう》にセイヨウタンポポが入りこみました。そして、街に生えているのはセイヨウタンポポばかりだと信じられていたのです。ところが、いつの間にか雑種タンポポが入れ替《か》わるように増えていました。くわしくは第1章で述べたとおりです。

いったい都市のタンポポには何が起きているのでしょうか？　都市でのタンポポの変化を知ったとき、わたしには雑種タンポポの暮らしが謎《なぞ》に満ちているように思われました。ある草花が、あちらの地域には生えているのに、こちらの地域には生えていないということはよくあります。ですから、ことさら都市での雑種タンポポとセイヨウタンポポの分布にこだわることもないように思われるかもしれません。こだわった理由のひとつは、どちらのタンポポも、たった一個体だけで種子をつくるからでした。第2章で紹介《しょうかい》したように、両者は受粉せずに種子をつくります。同じやり方で種子をつくるのですから、同じように子孫を残してもよさそうなものです。それなのに、雑種タンポポが多くて、セイヨウタンポポが少ないのは、謎《なぞ》に思えたというわけです。両者の都市での生き方にちがいをもたらすものは何だろう？　この身近なところで起きている現象への疑問が、わたしの研究テーマのひとつとなりました。

◆都内での一人タンポポ調査

まずは東京都内でタンポポの分布調査をしました。雑種タンポポがどのくらいたくさん生えているのか？……自分の目で確かめることから始めようと考えたのです。調査はわたし一人でおこないます。都内全域といった広い範囲《はんい》を調べ始めると、それだけで研究期間のほとんどを費やしてしまいそうです。そこで調査地は都心から少し西よりの世田谷区を中心とした地域にしました。この地域には都会でありながら古くからの公園もあります。都会の顔一色でない、いろいろな環境《かんきょう》があるので、さまざまなタンポポが生えているのではと予想しました。

調査には主に自転車で出かけ、ときどき電車も利用しました。公園や道ばた、河川敷《かせんしき》、空き地などで、見た目が外来タンポポのようなタンポポを探してまわるという調査です。ずいぶんのんきな感じに思えるかもしれませんが、これが意外に熱中してしまう調査でした。

タンポポを見つけたら、まず総苞片《そうほうへん》のかたちを調べます。次に葉を採集します。葉はユニパックというチャックつきのポリ袋《ぶくろ》に入れて保冷しながら持ち帰ります。ユニパックには採集地や通し番号、日付を書いておきます。もし種子があれば、それも採集します。そして最後に、根ごと掘《ほ》りだします。根は途中《とちゅう》で切れてもだいじょうぶ。なぜなら土に埋《う》めると、たいていは根が再生するからです。タンポポの根はとにかく再生力が強いのです。草花を掘《ほ》るのには根掘《ねほ》りを使います。これはシャベルの一種で、根っこを掘《ほ》るには欠かせない道具です。掘《ほ》ったあとは、きちんと土を平らにならしておきます。

採集した葉は実験室の冷蔵庫に保管します。そして、葉からDNAなどを得て、遺伝的な特長をもとに、タンポポの種類を決めていきます。これにより、どの種類のタンポポが、どのくらい生えているかがわかるというわけです。根っこごと掘《ほ》り出した個体はポットに植えて育てます。このポット植えタンポポは、葉のデータと合わせると、どの種類のタンポポかがわかります。こ

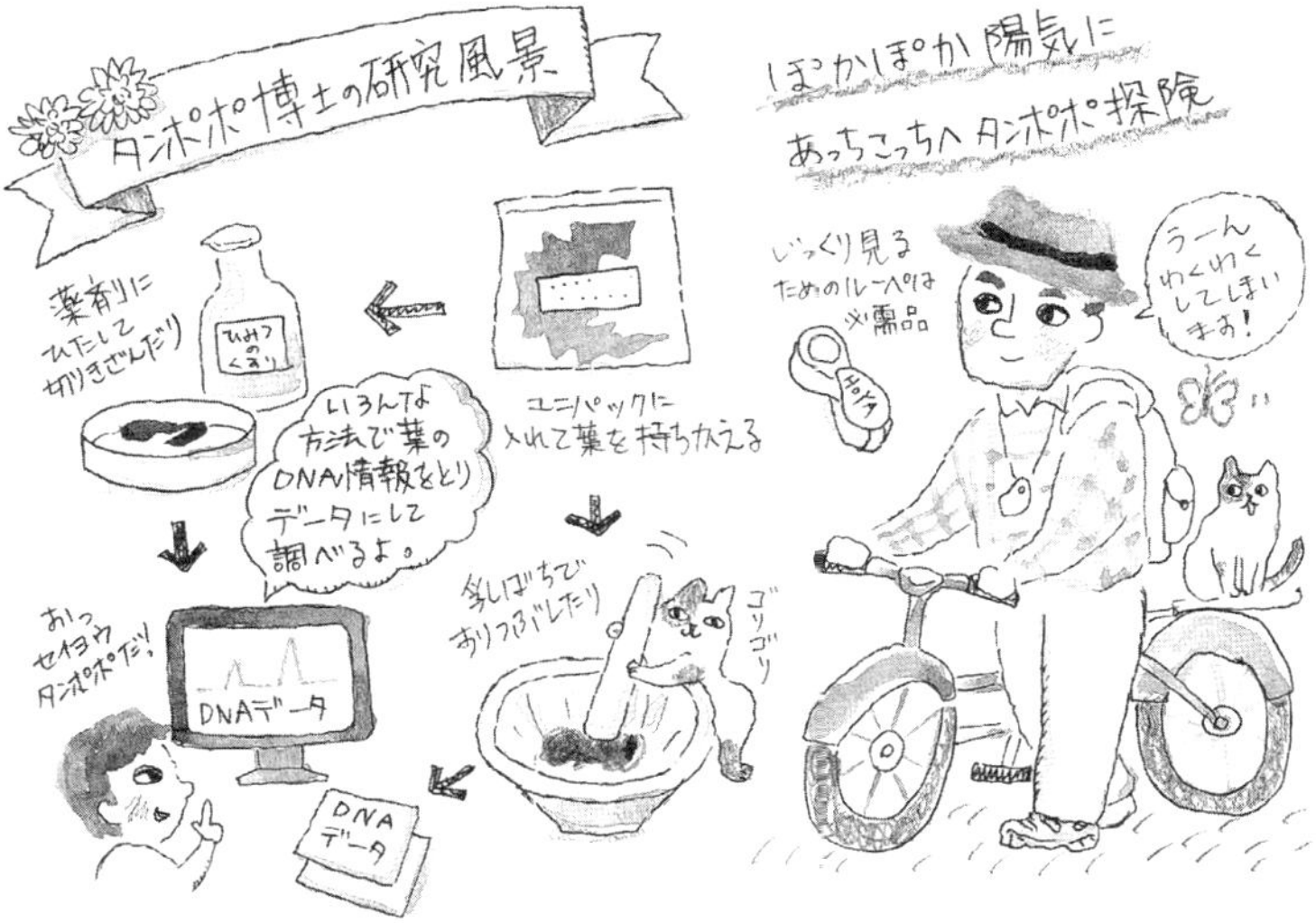

うやって集めたポットタンポポたちには、その後種子を集めたり、開花の様子を調べたりと、いろいろな実験でお世話になります。

この一人タンポポ調査で、わたしは全部で二百九十七個体について、実験で種類を調べました。すると、六個体がセイヨウタンポポで残りは雑種タンポポという結果になりました。計算すると、九十八パーセントほどが雑種タンポポで、セイヨウタンポポはたったの二パーセントだったのです。この結果は、第1章で紹介した、各地の調査結果とも合っています。やはり都内に生えるセイヨウタンポポは少なかったのです。雑種タンポポの広がりと、セイヨウタンポポがほとんど見つからない現状をはっきりと実感できました。

いよいよ研究を進めていきます。研究の目標として、雑種タンポポとセイヨウタンポポを成長の段階ごとに、ひとつずつ比較《ひかく》することにしました。子孫の数に影響《えいきょう》するような性質に着目しました。最初に注目したのは、種子からの発芽と、その芽生えの生き残りやすさです。なぜここに注目したかというと、草花にとって生き残るのが最もむずかしいのが、芽生えの時期だからです。芽生えというのは、発芽して葉が出たばかりの幼い体の植物のこと。この芽生えの時期をどのように乗り越《こ》えるかは、個体の生き死にを決めるほど重要なステージともいえます。そして、芽生えの生き残りには、種子がどのようなタイミングで発芽するかということが密接に関係しているのです。

種子に備わる「しくみ」について、次にくわしくみてみましょう。

第2節　種子は情報の宝箱

◆遠くへ運ばれる種子

草花の種子には、よりよい場所で、よりよいタイミングで発芽するしくみがあります。そし

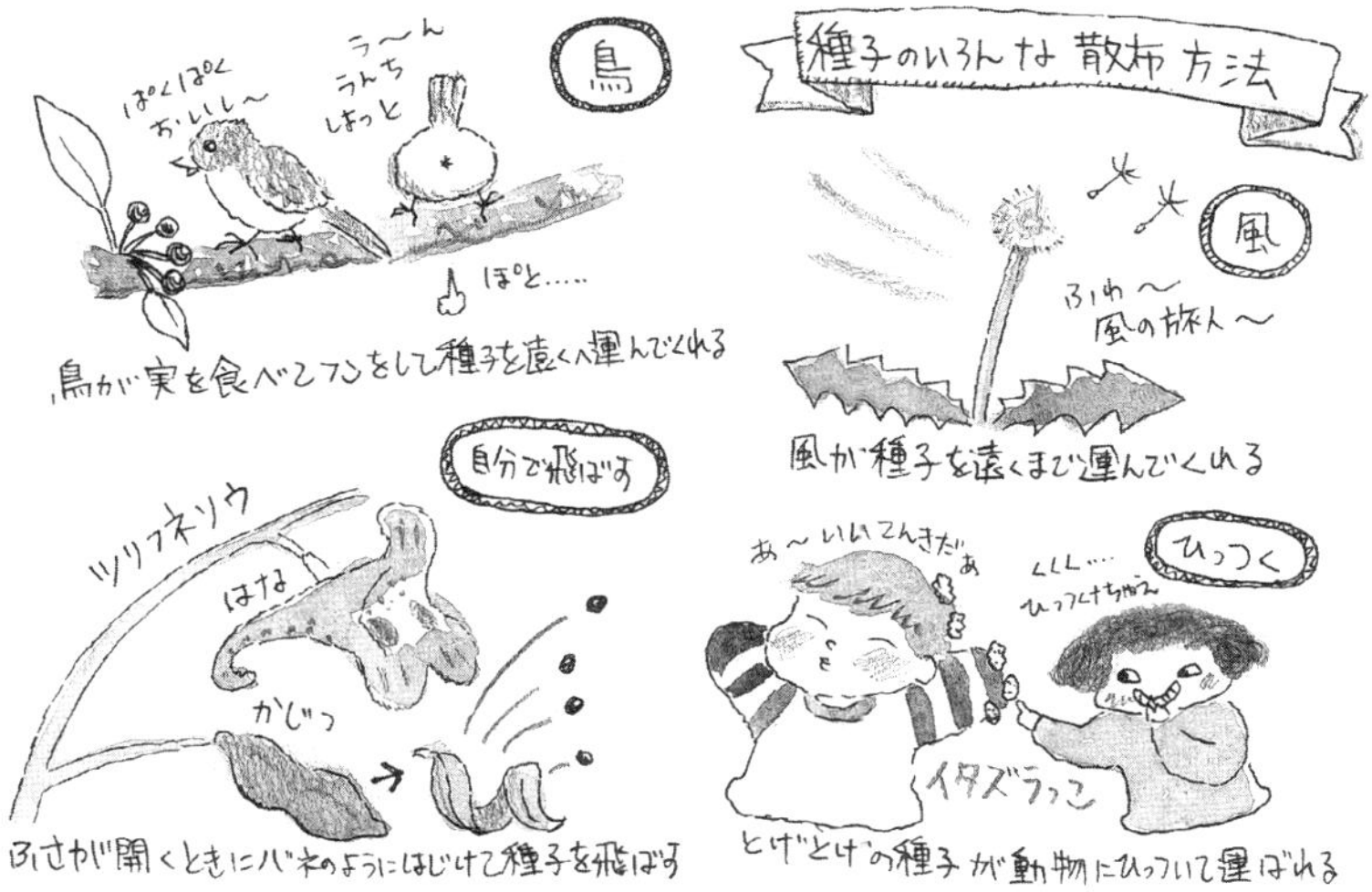

て、親から子へと、世代をつないでいます。

種子はふつう、親元から離《はな》れて遠くへと運ばれます。親の近くで発芽してしまうと、光や水、栄養分などをめぐり、親子どうしで競争することになってしまうからです。植物は動けないので、分布を広げるチャンスは種子に託《たく》された役目ということもあるでしょう。あの手この手のしくみがあるのです。

種子の運ばれ方には、いろいろなパターンがあります。たとえば、鳥が、おいしい果実を食べるとしましょう。その果実には種子が入っていますす。そのため、鳥は種子ごと食べることになります。鳥は飛び立ち、どこかでフンをします。そのフンの中には、消化されなかった種子が残っているのです。このようにして、種子は遠くへ運ばれていきます。

アリが種子を運ぶこともあります。カタクリやタケニグサ、スミレなどの種子には甘《あま》い砂糖のかたまりのようなものがついています。甘《あま》いものが大好きなアリは、その甘《あま》い部分を巣に運びます。このとき、種子もいっしょに巣に運ばれていくのです。やがて種子はそこで芽を出します。

勢いよくはじき飛ばされる種子もあります。たとえば、ツリフネソウの果実を触《さわ》ったことがあるでしょうか？　触《ふ》れると、その刺激《しげき》で果実が瞬時《しゅんじ》に裂《さ》けて、そのときに種子が勢いよく飛び出すというしくみです。これは面白いので、見つけたらそっと触《さわ》ってみましょう。

ひっつき虫もあります。オナモミやセンダングサなどは、果実にとがったフックのようなものがあり、動物の体にくっついて、種子ごと運ばれます。粘液《ねんえき》でくっつくタイプもあります。たとえば、オオバコやメナモミ、ノブキなどは、べたべたした粘液《ねんえき》により、動物にくっつき、種子が運ばれるというしくみです。

タンポポやススキのように風で飛ばされる種子もあります。ランの仲間などは種子がとても小さいので、やはり風で飛び散るように広がります。

草花の種子は、種類ごとに異なる方法で遠くへと運ばれていきます。ところが、草花の種子に

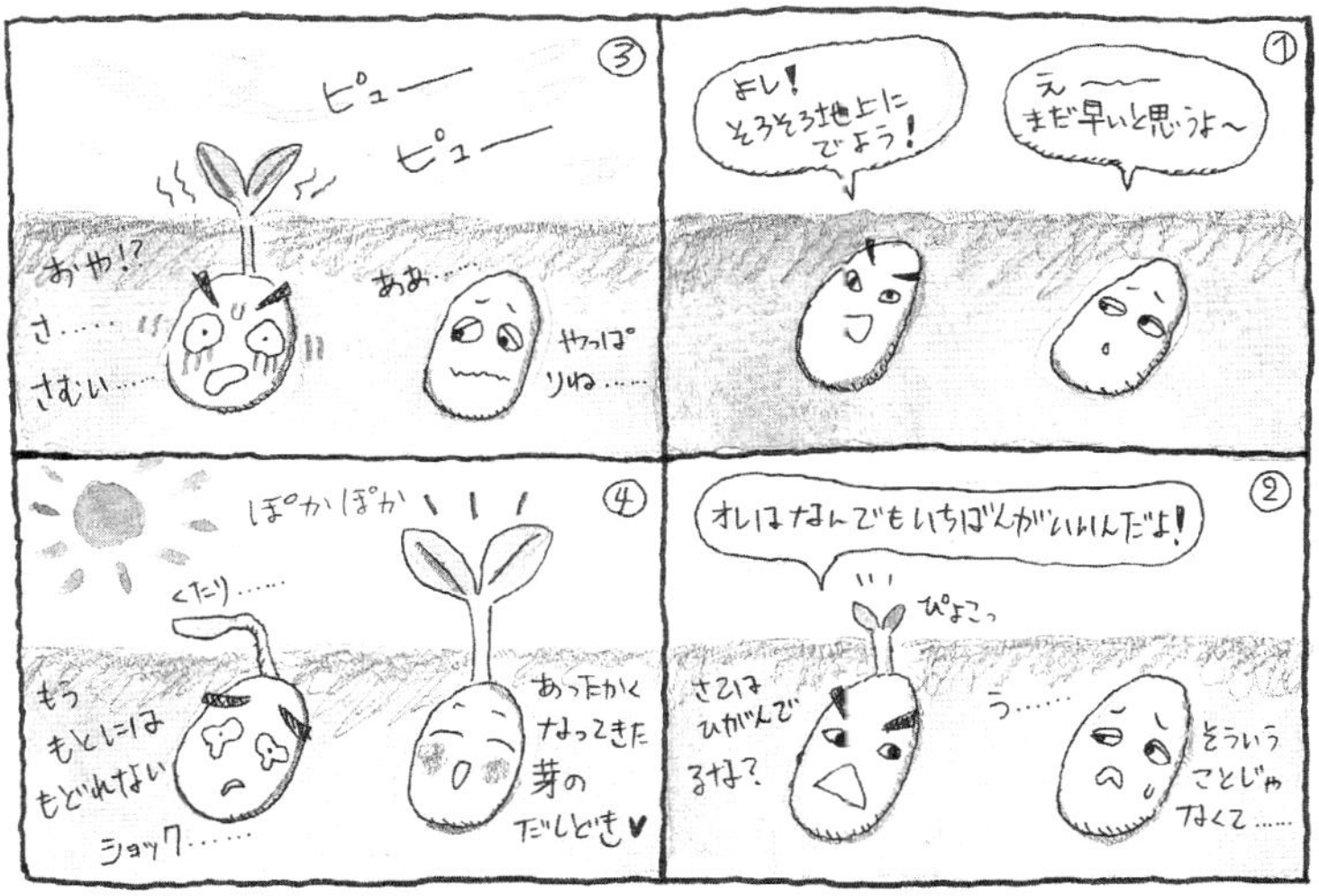

とっては、それでひと安心というわけにはいきません。

◆種子は眠《ねむ》る

種子はいったん発芽すると、もとにはもどれません。発芽したものの、どうも成長に適していない季節だからと、再び種子にもどるということはできないのです。もしも好ましくない季節に発芽したなら、その芽生えは枯死《こし》してしまうでしょう。このため、芽生えが成長できるような環境《かんきょう》や季節に種子は発芽します。草花の種類によっては、うまくタイミングを合わせて発芽するしくみが種子に備わっているというわけです。この季節を感じるのに利用されるのが、主に温度の変化です。小さな種子ですが、温度を感じとる能力を備えているのです。たとえば土に埋《う》めた種子が、毎年同じ時期に発芽するので、とても不思議に感じたことはないでしょうか？　それは種子には発芽のタイミングをはかるしくみがあるからこそ生じる現象なのです。

種子が発芽するタイミングは、草花の種《しゅ》ごとに異なります。地面に落ちてもすぐには発芽しない種子もあるのです。極端《きょくたん》な例ですが、大賀《おおが》ハスを知っているでしょうか？　三千年も昔の地層からハスの種子が発見されました。驚《おどろ》いたことに、そのハスは生きていたのです。長い眠《ねむ》りから目覚めて花を咲《さ》かせました。長い長い間、地中で発芽せずに種子のまま過ごしていたのです。

畑を掘《ほ》り返すと、それまで生えていなかった種類の雑草などが、わっと芽を出すことが知られています。畑の土の中には、いろいろな草花の種子が埋《う》まっています。それらの種子の多くは、掘《ほ》り返されて地表に近づいたときに、温度や光の刺激《しげき》をうけて発芽するのです。すぐに発芽しない種子のことを、もう少し考えてみます。

◆季節を感じる種子

早春のころに花を咲《さ》かせる草花があります。たとえば、ハコベやナズナ、オオイヌノフグリな

小さな青い花をつけるオオイヌノフグリ

ど、春に花を咲《さ》かせ、種子を実らせます。ところが、地面に落ちた種子はすぐには発芽しません。多くは秋ごろに発芽するのです。そして、葉を広げた状態で冬を過ごすします。つまり、種子は地面に落ちてから、暑い夏を種子で過ごし、秋に発芽しているというわけです。もし冬も種子で過ごし、春に発芽したなら、春の開花に間に合わなくなってしまうでしょう。もし夏に発芽してしまえば、他の草花におおわれて光合成ができずに枯死《こし》してしまうか、あるいは暑さにより枯死《こし》してしまうことが多くなるはずです。

このように、種子には季節を感じるしくみが備わっていることがあります。そのしくみは、発芽のタイミングをはかるのに役立ち、そして、種子が眠《ねむ》ることでもたらされています。ちょっと不思議に思えるかもしれませんが、芽生えの成長に適さない環境《かんきょう》では、種子は眠《ねむ》っていて発芽しないのです。もちろん、眠《ねむ》らない種子もあります。しかし日本のように四季があり、季節の変化がはっきりしている地域では、種子には眠《ねむ》る性質が備わっていることが多いようです。種子は眠《ねむ》ることで、乾燥《かんそう》や寒さ、あるいは暑さを耐えることができます。こうした性質は、芽生えが生き残るのに大切なしくみというわけです。

◆種子につまった情報を求めて

種子には、その草花の生き方を読み解くヒントが隠《かく》されています。なぜなら、種子がいつどのような環境《かんきょう》で発芽するか、それは草花の一生を大きく左右するからです。草花がもっとも枯死《こし》しやすいのが芽生えの時期です。種子はどのような眠《ねむ》り方をしているか、どんな条件で発芽するのかがわかれば、その草花の生き方に迫《せま》ることができるかもしれません。

そこで、タンポポの種子につまった情報を実験から読み解くことにしました。

第3節　タンポポを集める

◆見つからなかったセイヨウタンポポ

研究を進めるために、まずは材料集めです。必要なのは、タンポポの種子と個体。性質を比較《ひかく》をするために、セイヨウタンポポ、カントウタンポポ、シナノタンポポ、雑種タンポポをそれぞれ探すことになります。すでに東京都での一人タンポポ調査により、数種類の雑種タンポポはそろっていました。カントウタンポポやシナノタンポポは自生地を何か所か探して、種子を採集していました。ところが、セイヨウタンポポだけはなかなか見つからなかったのです。都市にセイヨウタンポポが少ないことはわかっていたのですが、少しは見つかるだろうと楽観的に考えていました。あとはセイヨウタンポポさえ見つかれば……という状況《じょうきょう》になり、時間の許す限りセイヨウタンポポを探しました。

結局、記念すべきタンポポ研究一年目の春に、セイヨウタンポポはほとんど見つかりませんでした。実験に必要な量の種子が集まらなかったのです。それでも一年目の春に集めた雑種タンポポポと日本タンポポの種子を使った発芽実験は予定通りにおこないました。セイヨウタンポポの種子と比較《ひかく》できないのですから、実験は中止してもよかったのですが、振《ふ》り返ってみると、このときにおこなった実験は二年目以降の研究に三つの点で役立つことになりました。ひとつは、発芽実験を手際よくやるための手順などがわかったことです。もうひとつは、当初考えていた実験に追加すべき実験がわかったこと。最後は、あたりがつけられたことです。つまり、雑種タンポポの種子発芽の特徴《とくちょう》が少しつかめたのです。二年目の春に向けて、少し希望がもてたことは確かでした。

◆ついに勢ぞろい

次の年の一月、セイヨウタンポポを新潟《にいがた》県内で探すことにしました。新潟《にいがた》大学の森田竜義《たつよし》さんに協力いただけることになったのです。まだ寒い時期でしたので、タンポポの花は咲《さ》いていませんでした。そこで、株ごと掘《ほ》り出しました。その数は六十個体ほど。その個体に番号をふっていきます。そして実験室で遺伝的な情報を調べて、セイヨウタンポポと雑種タンポポとに振《ふ》り分けていく作業をおこないました。新潟《にいがた》大学の研究室の方々に助けてもらいながら、二日間みっちりと実

農業環境技術研究所に勤めている時、筆者が世話をしたタンポポ

験をおこないました。

集めた雑種タンポポやセイヨウタンポポは東京に持ち帰りました。そしていつものように、ポット植えです。大学の圃場《ほじょう》をほぼ占領《せんりょう》するかのように、ポット植えタンポポが増えていきます。

その後は、新潟《にいがた》県以外にも、各地のセイヨウタンポポが手に入りました。こうして、手元に各種タンポポがそろい、ポットの数は数百にもおよびました。ところで、タンポポは根が大きくなりますので、ポットは大きくて深いものを使います。ポット植えというのは数が多くなると意外に重労働です。泥《どろ》だらけになりながら、せっせとポット植えの作業をしました。

第4節　種子の発芽に隠《かく》されたひみつ

◆シーズン前のソワソワ

タンポポの花のシーズンは早春から五月初旬《しょじゅん》ごろまでです。花が咲《さ》き始めれば、その年にやるべき実験のために黙々と作業を進めますが、花のシーズンが始まる前には、あれこれと思案が必要です。時間と労力に限りがあるので、手当たり次第、すべての実験をできる訳ではないからです。全体としてどのような実験や観察をおこなうか、それなら今年は何をすべきか、それには今から迎《むか》える花シーズンに何をするか、取りこぼしはないか、といった具合です。このため、春が近づくと妙《みょう》にソワソワしてくるのです。

いよいよ花が咲《さ》き始めると、実験や観察が本格化してきます。足元のタンポポが気になり、常に下を向いて歩くようになります。

花のシーズンも終盤《しゅうばん》になると、種子採集が始まります。正確には「果実」採集ですが、種子を扱《あつか》う実験なので、「種子」採集としましょう。ほぼ毎日のように種子を集めていきます。種子シーズンのピークになると、日中は種子集めだけで手一杯《ていっぱい》になります。花茎《かけい》ごと切って、そのまま封《ふう》筒《とう》に入れていきます。夕方から夜にかけては、種子と花茎《かけい》を分ける作業をします。花茎《かけい》をブルブルと封筒《ふうとう》の中で小刻みに回転させて、冠毛《かんもう》つきの種子だけを封筒《ふうとう》の中に残すようにします。花茎《かけい》があると、その水分がしみ出してきて、ときには種子にカビが生える原因になるので、その日のうちにブルブル作業をします。作業は深夜まで続くこともありました。たまに遠征《えんせい》して種子採集したときなどは、夜は宿泊先の部屋にこもって、ずっとこの作業をすることになります。まさにタンポポづけの旅でした。

次に、種子から冠毛《かんもう》を取り除きます。冠毛《かんもう》をそのままにしておくと、ふわふわとして扱《あつか》いにくいのと、やはりカビの原因になるからです。発芽の実験ではカビは大敵。もしもカビが多くなると、実験を最初からやり直さなくてはならないので、カビがでないように細心の注意を払《はら》います。ところで、この実験に使った種子は二万粒《つぶ》ほどです。冠毛《かんもう》を取り除くだけでも、長い時間がかかります。冠毛《かんもう》のついた種子は、ビニル袋《ぶくろ》に入れてやさしく手でもみます。すると種子から冠《かん》毛《もう》がとれます。

こうして集めた種子を使って、いよいよ発芽実験の開始です。

◆種子の性質を調べる

実験の目的は、雑種タンポポの種子の性質を調べることです。発芽のタイミングをはかるメカニズムがあるのか、あるとしたらどのように調節するのか、といったことです。そのために知りたいことのひとつは、温度に対する種子の反応です。そこで、どの温度でどのくらい発芽するのか調べます。いろいろな発芽の実験をおこないましたが、一番はっきりと性質がわかる実験をみてみましょう。

実験では、種子が発芽する割合は温度のちがいによってどのように変わるかを調べました。具体的には、四℃から三℃ずつ高くして三十四℃まで、合計十一段階の温度を設定します。これだけの温度を一斉《いっせい》に調べるために、温度勾配器《こうばいき》という実験用の機械を利用しました。温度勾配器《こうばいき》は、外見は冷蔵庫みたいですが、内部は五つの部屋に分かれています。各部屋の温度は自由に設定できるというすぐれものです。この温度勾配器《こうばいき》二台と、四℃専用の冷蔵庫を使い、十一種の温度を設定しました。

実験の直前に、種子を五十粒《つぶ》ずつ小分けにします。そして、小分けした五十粒《つぶ》を茶こしに入れ

て、蒸留水でていねいにすすぎ洗いします。洗った種子は、すばやくシャーレにのせます。このとき、シャーレに敷《し》いたろ紙は、湿《しめ》らせておきます。これで一シャーレに五十粒《つぶ》の種子がそろいました。なお、この時点で、種子の吸水が始まります。

六つのシャーレを一セットにします。全部で十一種の温度で調べるので、六十六枚のシャーレを準備します。そして、タンポポの種類ごとに同じ作業をおこないます。今回の実験では、セイヨウタンポポ、雑種タンポポ三種類、カントウタンポポ、シナノタンポポの合計六種類分用意して、温度勾配器《こうばいき》のそれぞれの温度の小部屋に入れたら、いよいよ発芽実験のスタートです。

翌日から、毎日発芽した種子を一シャーレごとに数えていきます。発芽した種子は、シャーレから取り除いていきます。そうしないと、いつ発芽したかわからなくなってしまうからです。こうやって、毎日何粒《つぶ》の種子が発芽したのか、六枚×十一温度×六種類＝三百九十六枚のシャーレを調べていきます。また種子をのせたろ紙は、最初の一週間は、ほぼ毎日交換《こうかん》していきます。ろ紙を取り換えるのは、カビを防ぐためです。

とてもシンプルな実験です。しかし調べるシャーレの数が多いので、早朝から数え始めて、終わるのは夜になります。かんたんに計算してみましょう。発芽した種子を数えたり、ろ紙を換《か》えたりすると、一枚のシャーレについて、二、三分はかかります。そうすると、シャーレが四百枚あれば、どうしても十二時間はかかってしまうのです。この実験を続けているときは、目を閉じても、芽生えが見えているような感覚になりました。

◆ほほえみから知る

このころのわたしは、毎日記録をとりながら、発芽した種子を数えるだけで精一杯《せいいっぱい》。データ数が多かったこともあり、全体像はすべてを集計するまでわかりませんでした。実験が終わり、いよいよグラフつくりです。グラフを描《えが》いて、やっと全体像がつかめるというわけです。グラフにしてみたところ、意外によい結果かもしれないと、ひそかに感じました。

できたてのグラフを、わたしの指導教官である東京大学の伊藤元己《いとうもとみ》先生に提出しました。グラフを見る先生の表情には、静かなほほえみが浮《う》かんでいました。この実験がやはりよい結果だったのだとわかり、わたしは心の底からホッとしました。あのときの光景は、今でもよく覚えています。

どのような結果だったのか、まずは、ポイントになる結果と、そこから予想されるストーリーをお話ししましょう。

この実験で、雑種タンポポは高温で発芽せず、涼《すず》しくなると発芽しました。一方、セイヨウタンポポは高温でも発芽することがわかりました。ここで想像してみましょう。都市の夏はまさに灼熱《しゃくねつ》の暑さ。地面からわき上がるような熱風にめまいを感じる人もいるのではないでしょうか。発芽実験からみれば、そのような土地でもセイヨウタンポポは夏に発芽してしまうでしょう。それに対して、雑種タンポポは暑さが厳しい時期には発芽せず、涼《すず》しくなるころに発芽します。だとすれば、セイヨウタンポポは枯死《こし》しやすく、雑種タンポポは生き残りやすいのではないかと予想されたのです。
それでは、このことを示すデータを見ていきましょう。

◆暑いと発芽しないカントウタンポポ

日本タンポポの種子は温度ごとに発芽率が異なります。発芽率は、「ひとつのシャーレにある五十種子のうち、いくつ発芽したのか」として計算します。カントウタンポポとシナノタンポポは、発芽パターンが似ているので、ここではカントウタンポポについてみていきます。

カントウタンポポは二十二℃を超《こ》えると、急に発芽率が低くなります。これは、発芽する種子が少なくなるということです。また低い温度でも発芽率が低くなり、四℃ではほとんど発芽しません。このことから、七℃〜十九℃の限られた温度のときに、よく発芽することがわかります。

ところで、二十五℃以上の温度で三週間ほど経過した種子は生きているのでしょうか？　それとも暑さのために枯死《こし》してしまったのでしょうか？　そこで、種子が生きているか、枯死《こし》しているかを調べることにしました。二十二、二十五、二十八、三十一、三十四℃で発芽しなかった種子を十六℃に置いてみます。すると、種子の大部分が素早く発芽したのです。四℃で発芽しなかった

カントウタンポポの各温度での発芽率

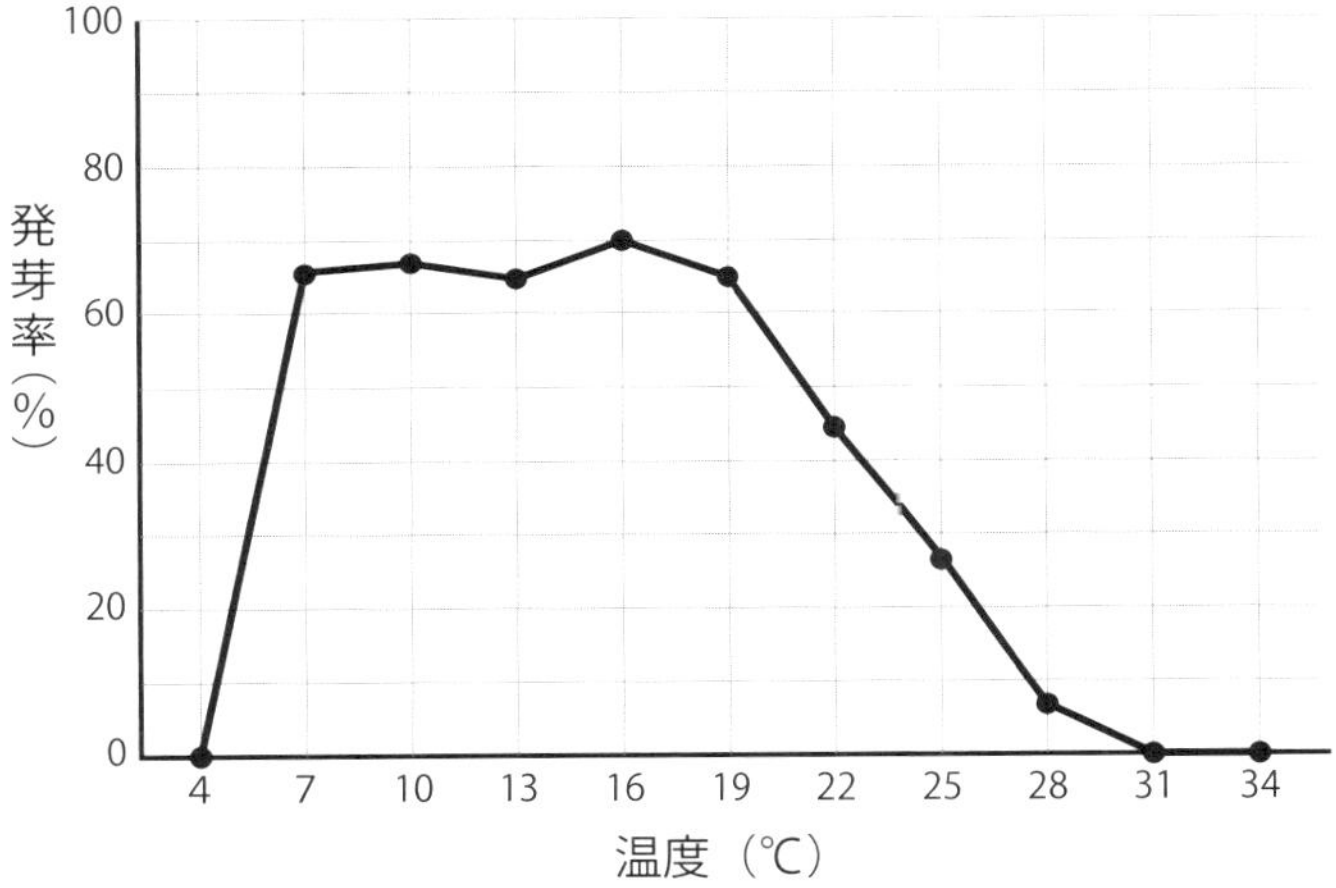

種子も、同じように十六℃に保たれた小部屋に入れておくと、すぐに発芽しました。

つまり、カントウタンポポの種子には、高い温度や低い温度になると発芽せずに種子のままで過ごし、適した温度になると素早く発芽する性質があったのです。小さな種子の中にこのようなしくみがあることを知ると、種子ってすごいなと感じます。この性質はシナノタンポポでも同じでした。

◆暑くても発芽するセイヨウタンポポ

セイヨウタンポポの種子は、カントウタンポポとは異なる発芽パターンを示しました。調べた四℃～三十四℃では、どの温度でもほとんど同じような発芽率だったのです。つまり、水さえあれば、

セイヨウタンポポと雑種タンポポの各温度での発芽率

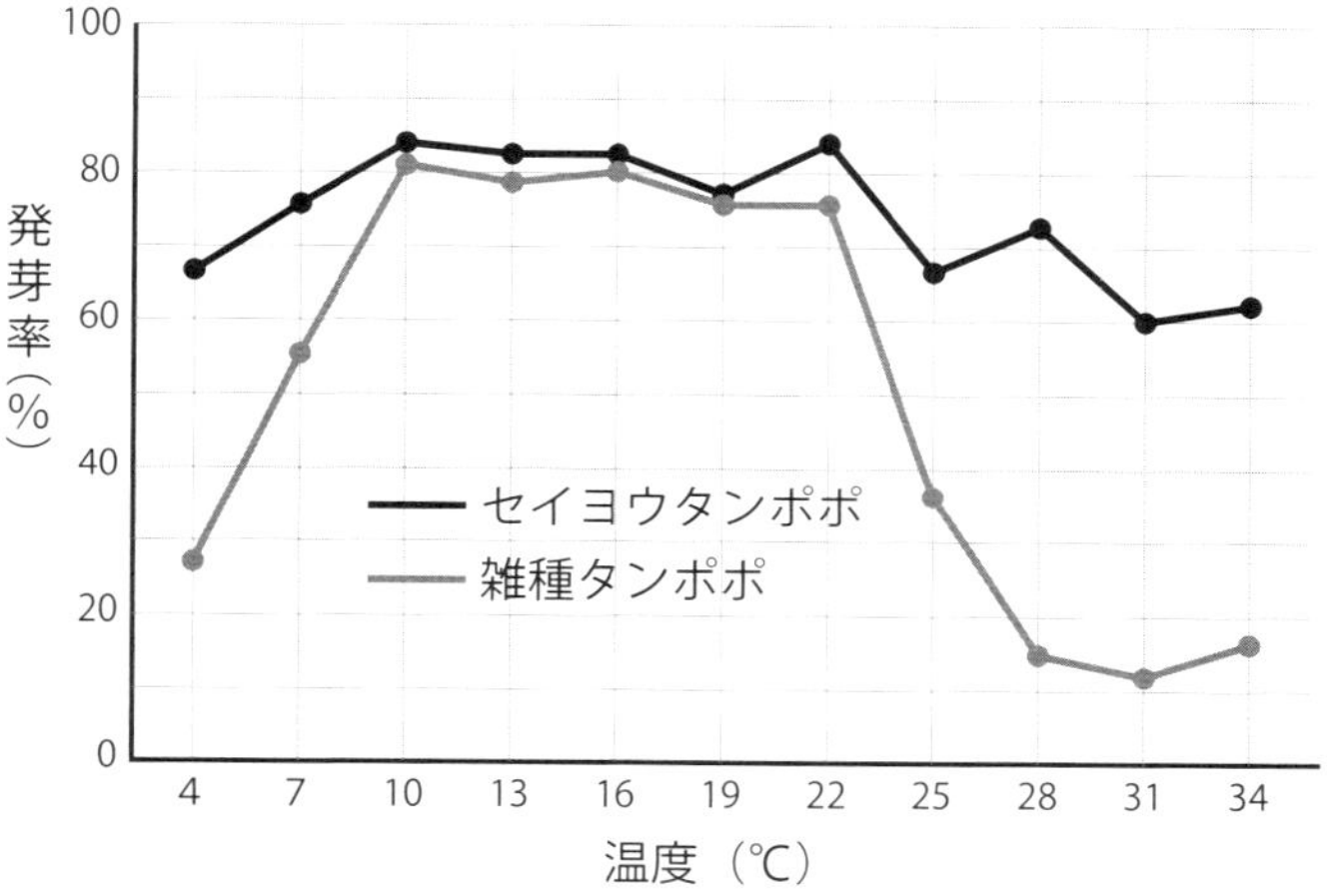

温度に関係なく発芽する性質を持っていたというわけです。三十四℃という高い温度でも発芽してしまうのには驚《おどろ》きました。

セイヨウタンポポの本来の生息地はヨーロッパです。二〇〇七年、わたしはチェコやスロバキアへ、セイヨウタンポポの調査をするために行ったことがあります。そこは、日本の北海道のような気候でした。セイヨウタンポポは、もともと涼《すず》しいところに分布しています。それであれば、暑さ対策として高温での発芽を抑《おさ》えるしくみは必要ないのかもしれません。

◆そして、雑種タンポポは？

雑種タンポポの種子発芽は温度により変化しま

した。高い温度では発芽せず、カントウタンポポと似た性質を持っていたのです。高い温度だと、二十五℃を超《こ》えると急に発芽率が低くなります。低い温度でも、七℃より低くなると発芽率が低下します。

これらの高温や低温で発芽しなかった種子は、カントウタンポポと同じように、生きているのでしょうか？　二十五℃以上で発芽しなかった種子を十六℃に置いてみました。すると、それらの種子の大部分が発芽しました。この発芽パターンは、カントウタンポポとそっくりです。つまり、雑種タンポポの種子は、周囲が高温のときには、発芽せず種子のまま過ごしていますが、適度な温度になると発芽する性質を持っていたのです。

第5節　芽生えの力

◆考えられるストーリー

ここまでの実験の結果をもう一度考えてみましょう。カントウタンポポとセイヨウタンポポから雑種タンポポが生まれました。雑種タンポポは、種子発芽の性質に関しては、カントウタンポポに似ています。つまり高温になると発芽しなくなるカントウタンポポと、発芽してしまうセイヨウタンポポ。その子孫である雑種タンポポは、高温では発芽しない性質をカントウタンポポから受けついでいたということになります。

これは種子が「部分的に」眠《ねむ》っている状態です。カントウタンポポと雑種タンポポの種子は、適温なら発芽するのに、高温では発芽しません。つまり、高温のときには眠《ねむ》っているけれど、適温のときには目覚めているということになります。

この眠《ねむ》った状態を利用して、発芽のタイミングを調節するのがカントウタンポポと雑種タンポポです。一方、セイヨウタンポポはタイミングを調節しないということがわかりました。ここで、都市をおそう夏の猛暑《もうしょ》をイメージしながら、セイヨウタンポポと雑種タンポポの生き残りについて考えてみましょう。

夏の都市を歩くと、たえられないほどの暑さです。さんさんと降り注ぐ太陽の光。コンクリートやアスファルトにおおわれた地面からわき上がるような熱風。木々におおわれた土地と比べると、夜になっても地面の温度はあまり下がりません。熱帯夜という恐《おそ》ろしい言葉があるほどです。夏の都市では、昼も夜も容赦《ようしゃ》ない暑さが続きます。

夏の暑さの中、わたしたちの足元では、タンポポたちによる生き残りをかけた戦いが繰《く》り広げられています。雑種タンポポは発芽せずにじっと種子ですごしています。セイヨウタンポポは種子から発芽したばかりの小さな状態で、暑さのまっただ中にいるのです。これは発芽実験で得られたデータからの予想です。というのも、雑種タンポポは二十五℃を超《こ》えると発芽しなくなるので、おそらく夏には発芽しないでしょう。それに対して、セイヨウタンポポは三十四℃でも発芽することから、都市でも夏に発芽するのではないでしょうか。

ここでひとつの疑問が生じます。「発芽したばかりのセイヨウタンポポは高温でも生き残るかもしれない」ということです。もし生き残れるなら、セイヨウタンポポの種子が暑さの中で発芽しても、あまり問題はないかもしれません。しかし、もしも暑さに弱いのなら、都市で子孫を残すことはむずかしいと予想されます。

発芽したばかりのセイヨウタンポポは、暑さに強いのでしょうか？　それとも枯《か》れてしまうのでしょうか？　実際に調べてみることにしました。

◆芽生えの生き残り

シャーレ上には美しい芽生えがそろっています。次の実験のために準備した芽生えです。種子が発芽すると、まず根があらわれます。芽生えの根は透《す》きとおるような白さ。少しすると、さっぱりとした緑色の子葉があらわれます。子葉というのは、発芽して最初にあらわれる二枚の葉のことです。子葉には栄養がたくわえられていますし、子葉では光合成により新たに栄養がつくられます。つまり子葉によって芽生えは成長できるというわけです。

種子の大きさに合わせるように、子葉には大きさにちがいがあります。しかし、どのタンポポも芽生えはよく似た姿をしているので、種類を見分けることはむずかしいかもしれません。

この実験では、まず種類のわかっている種子を十六℃で発芽させました。どれも素早く芽が出ます。発芽したばかりの芽生えを土の上に置きます。ここで、発芽の実験でも大活躍《だいかつやく》した温度勾《こう》配器《ばいき》が再び登場です。室温は六℃、十六℃、二十四℃、三十一℃、三十六℃に設定し、そこで芽生えを育てます。

この実験のテーマは、「セイヨウタンポポの芽生えは、高い温度でも生き残れるのか？」です。

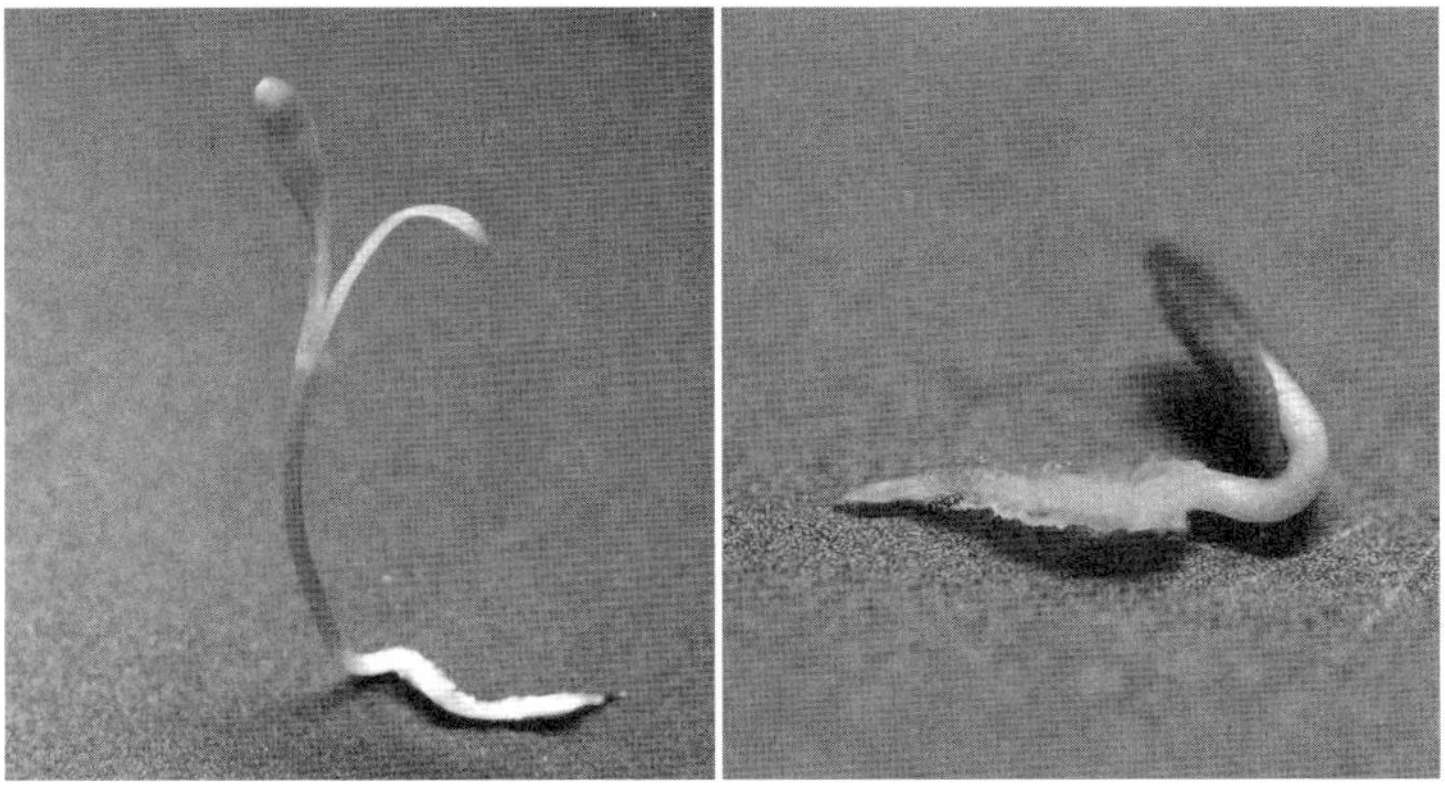

セイヨウタンポポの芽生え（左：子葉、右：幼根）

発芽実験のときと同じように、カントウタンポポとセイヨウタンポポと雑種タンポポを比較《ひかく》しました。

各温度で育て始めてから四週間が経ったら、生き残った個体数とその重さを調べます。それまでの間、土が乾《かん》燥《そう》しないように、毎日水やりなどの世話をします。

◆暑さに弱かった芽生え

はじめてグラフを見るときには、「実験がうまくいっていますように」と、祈《いの》るような気持ちになります。研究の出だしに、セイヨウタンポポが見つからないという、心がざわざわするような事態に遭遇《そうぐう》したのが尾《お》を引いていたのかもしれません。「タンポポでは何が起こるかわからない」と警戒《けいかい》するようになっていました。発芽実験のときと同じように、データだけを見ても全体像がわから

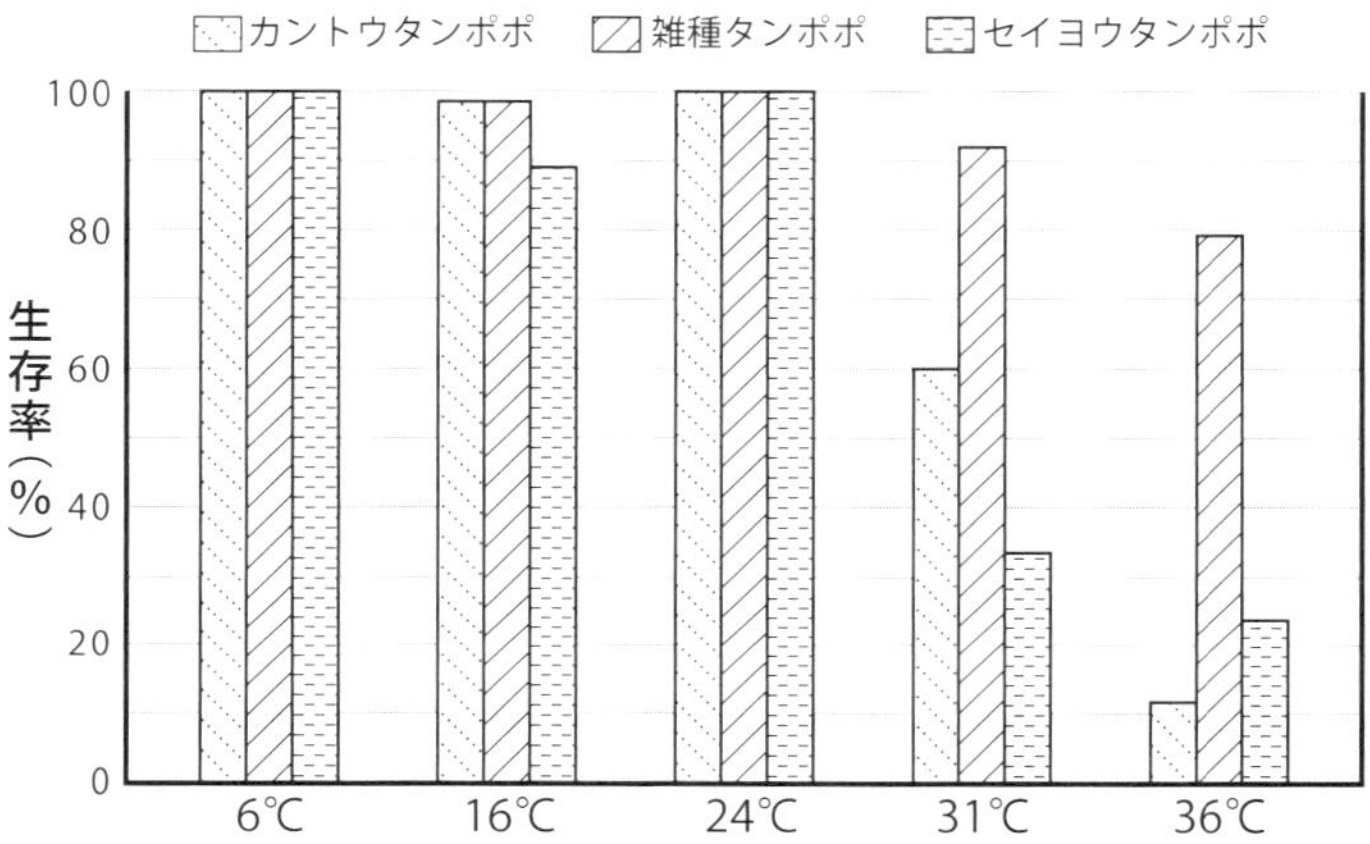

各温度で生き残った芽生えの割合

ないので、結果をグラフにまとめます。

結果は予想したとおりでした。六℃～二十四℃までだと、どの種類のタンポポも大部分が生き残っていました。ところが、三十一℃を超《こ》えると、タンポポによって生き残る割合が異なったのです。三十一℃でも、三十六℃でも、雑種タンポポの方が、セイヨウタンポポよりも生き残る割合が高くなりました。数学的に調べると、どうやらこの生き残る割合の差は、偶然《ぐうぜん》によるものではなさそうです。

この芽生えの実験を発芽の性質と合わせて考えてみましょう。知りたいことは、「都会でセイヨウタンポポが少なく、雑種タンポポが多いのは、どうして？」ということです。実験によると、セイヨウタンポポは高温で発芽してしまい、その芽生えは高温では生き残りにくいことがわかりました。このため、高温での発芽は枯死《こし》につながる可能性があります。一方、暑いとき、雑種タンポポは種子のまま過ごします。もし発芽しても、雑種タンポポの芽生えは高温にさらされながら生き残る可能性がありそうです。

ここでもうひとつ注目しておきたいことがあります。それは、雑種タンポポが高温で発芽しない性質は、日本タンポポから受け継《つ》いだと考えられることです。セイヨウタンポポ単独では暮らせない土地として、今の日本の都市があるとしましょう。セイヨウタンポポは日本タンポポから発芽に関連する遺伝子を受け継《つ》いで、雑種タンポポとして都市に根をはり、種子をつくり続けているのかもしれません。

雑種になると、その両親の種類よりも、すぐれた性質を得ることがあります。雑種タンポポでも、そのようなことが起こっているのかもしれません。

次に成長の速さに着目してみましょう。

第6節　幼いときの成長の速さ

◆成長がよい雑種タンポポ

発芽した芽生えからは、根が伸《の》びます。根は地中深くへともぐりこんでいきます。芽生えの子葉の間からは茎《くき》が伸《の》びて葉がつきます。いわゆる本葉です。本葉は次第に大きくなります。そして、新しい葉が次々に出てきます。ところが、都市の土に根をはることは、芽生えにとって試練です。というのも、都市の土は乾燥《かんそう》しているからです。たとえば、道ばたや空き地、公園など、夏に直射日光がよく当たる場所をシャベルで掘《ほ》ると、地面近くの土がさらさらでとても乾燥《かんそう》しているのがわかります。そのような陽射しをさえぎるものがないような場所にも、タンポポが生えています。雑種タンポポは乾燥《かんそう》に耐《た》える力を持つのでしょうか？　このことを調べることにしました。

実験では、乾燥《かんそう》具合の異なる土を用意しました。そして、それぞれの種類のタンポポを育てました。土の乾燥《かんそう》は、含《ふく》まれる水分の量を測定しながら、一定の状態を保つように調節します。こ

土の状態と、成長の比較

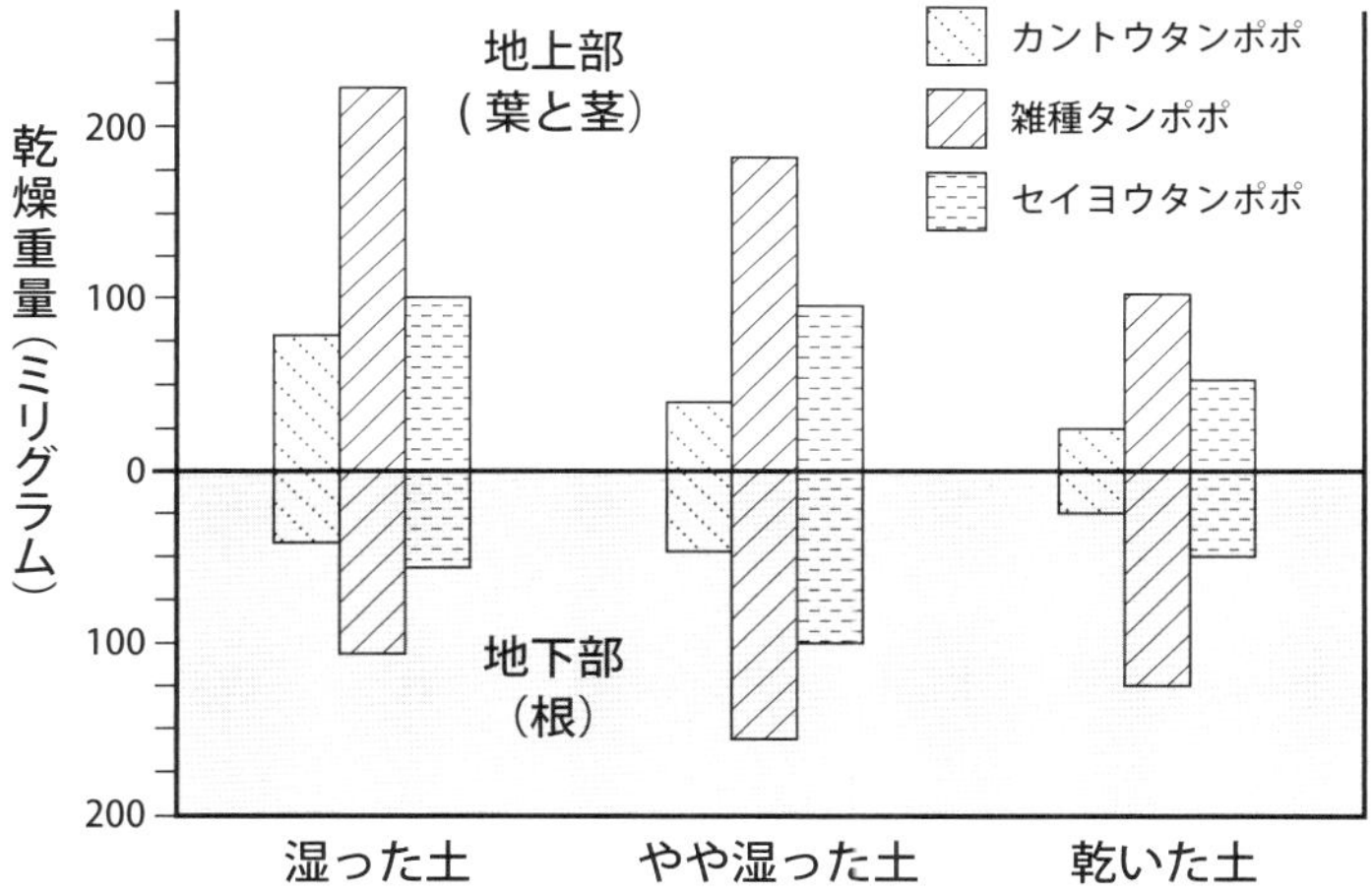

の実験では、子葉の間から本葉が出たばかりのタンポポを土に植えました。

約二か月後、成長したタンポポの重さをはかりました。その結果をまとめて、いつものようにグラフをつくりました。すると、土の乾燥《かんそう》の具合にかかわらず、雑種タンポポはセイヨウタンポポよりも、よく成長することがわかったのです。なお、どの条件でも生き残る割合にちがいはみられず、大部分が生き残りました。さらに、この図を眺《なが》めていると、乾燥《かんそう》した土で育つと、葉や茎《くき》といった地上部よりも根が大きくなることがわかります。逆に、土が湿《しめ》っていると、根よりも地上部、主に葉が大きくなります。土に水分が少なければ、根は水分を求めて発達することがわかります。

この結果から、幼い雑種タンポポは、セイヨウタンポポやカントウタンポポよりも成長が速いことがわかります。両親の種《しゅ》よりも、その雑種の方が成長が速いのです。この成長のよさは、雑種タンポポが都市だけでなく、日本各地に分布を広げるのに役立つ特徴《とくちょう》ではないかと考えられます。

ところで、コンクリートやアスファルトの下には、湿《しめ》り気のある土があります。この場合、コンクリートやアスファルトのすき間に生える雑草には、水分を吸収するのによい面もあるというわけです。コンクリートのすき間というのは、いつ刈《か》り取られるかわからないところです。しかし、地中は水分があり、競争相手が少ないという場所でもあります。雑草にとっては生きやすいところでもあるのです。

◆数は大きく変わらない？

種子の数も気になります。数が多いほど、生き残る子孫の数が増えると予想されるからです。たとえば、百種子のうち、発芽して生き残るのは二個体としましょう。この割合でいくなら、五百種子なら十個体、千種子なら二十個体が生き残ります。つまり、種子数が多ければ多いほど、生き残る子孫の数は多くなるというわけです。雑種タンポポが多く、セイヨウタンポポが少ないことの原因として、種子数のちがいも影響《えいきょう》しているのでしょうか？

そこで、同じ条件で育てたセイヨウタンポポと雑種タンポポの種子の数を調べてみることにしました。前年の秋に発芽させたタンポポから、春に実った種子を採集しました。成長の期間は同じです。ここで知りたいのは一個体がいくつの種子をつくるかということです。そこで、ひとつの頭花に実った種子数と、頭花の数を調べることにします。そうすれば、タンポポ一個体が春につくる種子数の合計がわかるからです。

頭花あたりの種子の数は、セイヨウタンポポは百八十粒《つぶ》、雑種が百四十粒《つぶ》ほどです。一方、頭花の数は、セイヨウタンポポが十一個ほど、雑種が十三個ほどです。この結果をもとに、同じ条件で育てたときの種子数を計算するとセイヨウタンポポは一八〇×一一＝一九八〇、雑種タンポポは、一四〇×一三＝一八二〇となります。それほど大きなちがいはありませんでした。

第7節　まるで異なる生き方

◆みんなで暮らす

身近なタンポポは、種類ごとに異なる生き方をしています。それは、ここまで紹介《しょうかい》した実験からも、垣間《かいま》見ることができます。発芽の仕方や芽生えの性質、種子のつくり方などにちがいがありました。こういった性質のちがいは、それぞれの生き方と結びついています。ここまでの実験結果を振《ふ》り返りながら、タンポポの暮らしぶりをまとめてみましょう。

カントウタンポポを始めとする日本タンポポは、日本に暮らすわたしたちにとっては、特にめずらしい存在ではありません。しかし、世界的には限られた地域にしか分布していない貴重なタンポポでもあります。どこが貴重なのかというと、受粉して種子をつくる、いわゆる有性生殖《せいしょく》するタンポポがめずらしいとされているのです。タンポポの種子のでき方については、第2章で紹介したとおりです。タンポポには、有性生殖《せいしょく》するものとクローンで種子をつくるものがありました。

有性生殖《せいしょく》をするタンポポは、今ではよく知られています。しかし、タンポポの有性生殖《せいしょく》を世界で初めて報告したのは日本の植物学者、池野成一郎《いけのせいいちろう》博士でした。一九一〇年のことです。そのときに確かめられたのがカントウタンポポだったのです。当時、世界の植物研究者の間では、大きな驚《おどろ》きをもって迎《むか》えられたといいます。

日本タンポポは花粉を受け取って種子をつくります。このため、種子をつくるためには、日本タンポポ同士での受粉と、花粉を運ぶハナバチやハナアブ、チョウ、甲虫《こうちゅう》といった昆虫《こんちゅう》が必要です。実際に、日本タンポポは里山などにまとまって生えています。集団で暮らさないと受粉がむずかしく、子孫を残せないのです。街の中に、ぽつんと一株だけ日本タンポポが生えていることは、めったにありません。このことは、日本タンポポが集団でないと暮らせないことをよくあらわしています。

想像をふくらませてみましょう。日本タンポポの種子がたった一粒《つぶ》だけ、親元から遠くはなれたところで発芽したとします。成長して、やがて花を咲《さ》かせます。このとき、種子をつくるには、仲間の日本タンポポからの花粉と、その花粉を運ぶ昆虫《こんちゅう》が必要です。新天地が市街地であれば、仲間の日本タンポポは見あたらず、花粉を運ぶ昆虫《こんちゅう》も少ないでしょう。こういったことから、日本タンポポが親元から遠く離《はな》れたところで、新しい集団をつくるのはむずかしそうだとわかります。

葉のつけ方にも特徴《とくちょう》があります。日本タンポポが生えているような里山や野原には、たくさんの植物が生えています。このため夏になれば、日本タンポポは他の植物におおわれます。ロゼット植物であるタンポポは、地面をはうように葉を広げています。このため、まわりを背の高い草でおおわれてしまうと光合成ができなくなります。このような環境《かんきょう》に生える日本タンポポは、夏になると葉を落とすことが知られています。日陰《ひかげ》で光合成できないのに葉を付けていると、それだけ余分なエネルギーが必要で、生き残るのが苦しくなるのでしょう。

発芽の時期も里山での生活に適しています。日本タンポポは、主に秋に発芽することが知られています。夏の里山には草が生いしげっています。そこで発芽したら、日が当たらず、光合成ができません。秋なら、周囲の草も枯《か》れていくので、タンポポの芽生えは太陽光を十分に浴びることができます。

今回の実験でも、高温では発芽せず種子のままですごすことがはっきりしました。カントウタンポポの種子が持つ性質は、夏には発芽せず、主に秋に発芽するという野外での観察結果とよく

合っています。

◆一個体でも暮らせる

セイヨウタンポポや雑種タンポポは、たった一個体で分布を広げることができます。それは受粉せずに種子をつくれるからです。つまり、周囲に仲間のタンポポも、花粉を運ぶ昆虫《こんちゅう》も不要ということになります。これは日本タンポポと比べると、ずいぶんと異なる生活をもたらします。

空き地やコンクリートのすき間に生えているセイヨウタンポポや雑種タンポポに注目してみましょう。そこは、里山などと比べると、競合する植物が少ないので、夏にはさんさんと降り注ぐ太陽の光を存分に浴びて光合成をすることができます。夏から秋にかけて、セイヨウタンポポや雑種タンポポは葉をたくさんつけています。これは、太陽の光をさえぎるような植物が少ないことに関係しています。夏でもあまり葉を落とさないので、年間を通じて光合成をおこなうことができます。そして、光合成で得た栄養分を成長や種子づくりに回すことができるのです。

セイヨウタンポポの種子には眠《ねむ》る性質がありませんでした。そのため、地面に落ちてしばらくすると発芽します。もしも日本タンポポが生えているような、野原で発芽したとしましょう。そこは、夏になると草深くなります。そのとき、地面は草におおわれて暗くなります。すると、セイヨウタンポポの芽生えは、光合成がうまくできないため、成長できずに枯《か》れてしまいます。つまり、日本タンポポが生えるようなところには、セイヨウタンポポは生えられないというわけです。

セイヨウタンポポの種子は、日本タンポポに比べると少し軽いようです。一粒《つぶ》あたりの重さは、セイヨウタンポポは〇・六～〇・七ミリグラムほどで、日本タンポポは〇・七～〇・八ミリグラムほどでした。実際の種子を見たほうが、大きさのちがいを実感できるでしょう。セイヨウタンポポの方が種子が軽いので、おそらく風に乗ってより遠くへと運ばれやすくなります。

セイヨウタンポポが原産地のヨーロッパから出発して、今では南半球にまで到達《とうたつ》しているといいます。種子が飛びやすいことに加えて、ヒトやモノの移動に伴《ともな》って分布を拡大していると考えられます。新しい生育地にたった一個体で入りこんでも、自分だけで種子をつくれることなどが、セイヨウタンポポが世界中に広がる原因といえそうです。

第8節　都市に強い雑種タンポポ

◆都市生活にマッチする

セイヨウタンポポも雑種タンポポも、たった一個体で子孫を増やせます。ところが、都市ではセイヨウタンポポはとても少なく、雑種タンポポばかりが目立ちます。このような現象のメカニズムを明らかにすることが、わたしの研究テーマのひとつでした。そのメカニズムとして、暑さをしのぐしくみに着目するとうまく説明ができる、というのがわたしのタンポポ研究からの答えになります。

タンポポの芽生えのうち、成長して種子をつくれるようになるのは一パーセントほどという海外での研究があります。仮に、一個体が一年に千個の種子をつくるとしましょう。そして翌年、すべての種子が生き残って親になると、千×千＝百万個の種子ができます。この割合でタンポポが増えていくと、五〜十年後は……もう計算したくないですよね。このことからも、種子がたくさんつくられているのに、身のまわりがタンポポだらけにならない理由がわかります。種子が発芽するときに枯死《こし》してしまうので、親になれるタンポポはごく一部なのです。

ここまで「芽生えの時期をいかに乗り越《こ》えるか？」という視点から、雑種タンポポとセイヨウタンポポの性質を比較《ひかく》してきました。雑種タンポポの種子は高温では発芽せず、涼《すず》しくなると発芽します。本葉が出たばかりの幼い植物を比べると、雑種タンポポは、セイヨウタンポポよりも、よく成長します。夏の暑さを避《さ》けて発芽した芽生えは、すばやく成長していくのでしょう。

その一方で、セイヨウタンポポは暑くても発芽します。その芽生えは暑さに弱いので、おそらく夏前に発芽した個体は枯死《こし》することが多くなるでしょう。乾燥《かんそう》した土での成長も雑種タンポポより遅《おそ》いこともわかりました。都市では、雑種タンポポに比べるとセイヨウタンポポは生き残りにくいといえそうです。

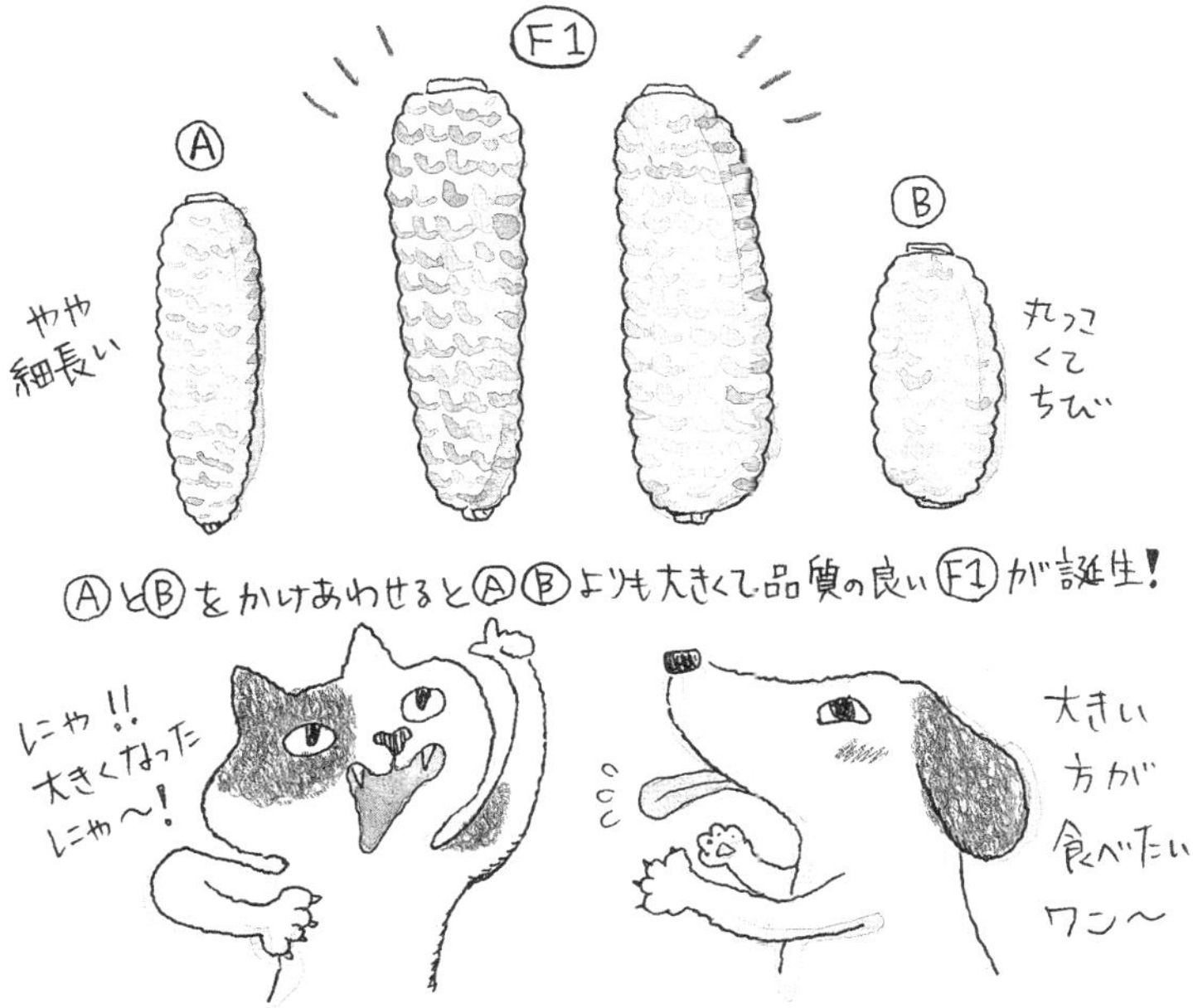

◆親よりも大きくなる

子孫が親よりもすぐれた性質を持つ現象は、身近なところでも知られています。たとえば、作物です。多くの作物では、品種改良により大きさや形などがすぐれた子孫がつくりだされます。品種改良の方法のひとつとして、異なる系統どうしで交配させることがあります。すると、できた種子の中に、まれに両親よりもすぐれた性質を持つ子孫が存在しているのです。この現象はとても重要です。なぜなら、収穫《しゅうかく》できる作物の量を増やせるからです。じつは、トウモロコシ、イネ、ナタネといった多くの野菜が、このような品種改良を利用しながらつくられてきました。

雑種タンポポには、とてもたくさんの系統があります。おそらく、いろいろな系統の雑種タンポポがつくられては、その一部が生き残り、いま日本各地に広がっていると考えられます。そして、生き残った雑種タンポポの中に、たとえば、ある環境《かんきょう》では、親よりも成長の良い性質を持っているタンポポがいたとしても、不思議なことではないのです。雑種タンポポが、カントウタンポポやセイヨウタンポポよりも成長が良かったという実験結果は、このように考えることができます。

◆次なる疑問

雑種タンポポの種子は発芽のタイミングを調節する性質を持っています。この性質により、雑種タンポポは日本タンポポの生育地である里山のようなところにも入りこめるかもしれません。なぜなら、日本タンポポの種子のように、草が生いしげる夏をさけて、秋に発芽することができれば、雑種タンポポも里山で暮らせそうだからです。このことは、3章7節で紹介《しょうかい》しました。実際、わたしが観察している範囲《はんい》では、ぽつぽつと入りこんでいるのを見かけます。しかし、日本タンポポの生育を脅《おびや》かすというほどではないようです。このことは、今後の研究で明らかになるでしょう。ここで、新しい疑問が生じてきます。セイヨウタンポポや雑種タンポポは、日本タンポポにどのような影響《えいきょう》を与《あた》えているのでしょうか？　あるいは、与《あた》えると予想されているのでしょうか？　この疑問は、外来植物の問題としても興味深いテーマですので、次にくわしくみていきましょう。

第4章 タンポポをもっと知るために

第1節　広がる外来生物

◆セイヨウタンポポにより変わるもの

外来植物であるセイヨウタンポポは、雑種タンポポの誕生という異変を生みだしています。この異変から、タンポポという草花の生き方や、さらに、外来植物がもたらす影響《えいきょう》を考えてみましょう。

生き物は単独ではなく、生き物どうしで関わり合いながら生きています。生き物どうしのつながりは、実に多様です。たとえば、植物から世界をみるとしましょう。まず、動物との間には食う食われる関係があります。花粉や種子を運ぶ動物との関係もあるでしょう。草花どうしで、太陽の光をめぐって競争することもあります。そのほかにも、植物が土壌《どじょう》に住む微生物《びせいぶつ》と栄養のやりとりをする関係などもあります。

長い年月をかけてつくられてきた生き物どうしのつながり。その中に、それまでいなかった生き物が、人間によって持ちこまれた状況《じょうきょう》を想像してみましょう。当然のように、それまで生き物どうしが築いてきた関係は変化しはじめます。

セイヨウタンポポに話をもどしましょう。日本タンポポが生えている日本に、人間の手で持ちこまれたセイヨウタンポポは、生き物のつながりにどのような影響《えいきょう》を与《あた》えるのでしょうか？　その答えを探るために、まずは、「外来生物とは何か？」を考えてみましょう。

◆外来生物って何？

外来生物は読んで字のごとく、もともと住んでいた地域から別の地域へと持ちこまれた生き物のことです。ポイントは人間により持ちこまれたということ。外来生物に対して、もともとその地域に住んでいた生き物を在来生物といいます。

日本は海で囲まれているので、海外から持ちこまれた外来生物については区別をつけやすいという特徴《とくちょう》があります。国境が陸つづきであれば、ある生物が自然に分布を広げたのか、人間が持ちこんだのか、判断がむずかしくなるからです。ところで、話はややこしいのですが、日本国内でも、もともと住んでいた地域から別の地域へ持ちこまれた場合には国内外来生物といいます。つまり、ある生き物がもともと分布していた地域が、国外だけでなく、国内であっても外来生物になりえるというわけです。この本では、新天地に持ちこまれた外来生物のうち、野生化したものを対象にして話を進めていきます。

外来生物の出現は、人間の活動と強く結びついています。これは近年、世界中の国や地域どうしで、人間やモノが行き交うようになっているからです。たとえば、ペットや作物のように用途《ようと》があって異国の地からやってきて、野生化した生き物もいます。あるいは、飛行機や船、電車、自動車を利用するときに、人間やモノといっしょに生き物が偶然《ぐうぜん》持ちこまれることもあるのです。

◆予想外の野生化

外来生物は種類が多く、しかも身近な存在です。これはわたしの経験からですが、「知っている外来生物は何ですか?」と質問すると、どうやら動物を思い浮《う》かべることが多いようです。確かに、アメリカザリガニやミシシッピーアカミミガメ、アライグマ、マングース、タイワンリス、ブラックバスにブルーギルなど、たくさんの外来動物がいます。そこで、まずはなじみの外来動物のうち、哺乳類《ほにゅうるい》を紹介《しょうかい》しましょう。

まずは、ノヤギの話です。ヤギはもともと日本にはいませんでした。家畜《かちく》として日本に持ちこまれたのです。そのヤギが野生化したものをノヤギといいます。牧場から逃《に》げ出したヤギ、あるいは無人島などにわざと放たれたヤギが野生化しています。ノヤギは繁殖力《はんしょくりょく》が旺盛《おうせい》なので、数がどんどん増えていきます。また、食欲も旺盛《おうせい》で、なんと草や木の根まで食べてしまうほどです。その結果、ノヤギが草や木を食べ尽《つ》くしてしまうというのです。たとえば小笠原の無人島では植物がなくなり、土がむき出しになってしまいました。ノヤギが住み着くと、まるで別の場所のように、野山の様子が変わってしまいます。

次は、マングースです。マングースは、毒ヘビのハブを駆除《くじょ》するために、奄美《あまみ》大島と沖縄《おきなわ》本島に持ちこまれました。小型の肉食動物で、体重は五〇〇グラムほどです。マングースは自然豊かな島に野生化しています。ところが、人間の思惑《おもわく》は大きく外れてしまいました。マングースはハブをエサにしませんでした。その代わりに、家畜《かちく》のニワトリをおそって食べて、農業への被害《ひがい》が出るようになりました。さらに、アマミノクロウサギやヤンバルクイナといった希少な動物を食べてしまうようになったのです。

ペットが野生化する例もあります。代表的なのがアライグマです。その昔、「あらいぐまラス

カル」というアニメ番組がテレビで放映されました。テレビ画面に映るアライグマは愛くるしいばかり。その影響《えいきょう》で、アライグマをペットにしたいと考える人があらわれました。ところが、子どものころは愛らしいアライグマですが、大人になると凶暴《きょうぼう》になります。きっと飼い主も驚《おどろ》いたことでしょう。じつは、英語のラスカルには「いたずらっ子、ならず者、ごろつき」という意味があります。飼い主の手に負えなくなったアライグマは、野外に捨てられることも多かったそうです。アライグマはもともと野生動物です。たとえ異国の地でも、作物や在来生物を食べながら野生化していきました。

これら三種の動物は、いずれも思惑《おもわく》があって日本に持ちこまれました。ところが、管理がうまくいかずに、野生化してしまったのです。また、草木を食べ尽《つ》くしてしまう、希少な動物を食べてしまうといった、わかりやすい例でもあります。外来動物には、生き物のつながりをばっさりと切り取ってしまうような影響《えいきょう》があります。それは目に見えるような、はっきりとしたものです。

第2節　変化をもたらす外来植物

◆外来植物がやってくる

日本には外来植物もたくさん持ちこまれています。日本にしっかりと根をおろし、種子や根の一部で繁殖《はんしょく》している外来植物の多さに驚《おどろ》きます。その数は、日本帰化植物写真図鑑《ずかん》（全国農村教育協会）によれば、二〇〇九年の時点で千三百種にもおよぶそうです。これほどたくさんの外来植物がどうやって日本に入ってきたのでしょうか？　ここでは、用途《ようと》という視点でわけて考えてみましょう。

まずは用途《ようと》があって持ちこまれた植物の例です。わかりやすいのは園芸植物でしょう。庭や畑で育てていたものが広がって、いつしか野生化してしまうことがあるのです。ヒメツルソバやナガミヒナゲシなど多くの例が知られています。牧草や飼料、緑化や砂防、あるいは農作物や薬などの用途《ようと》で持ちこまれる植物もあります。こういった例をみると、わたしたちの生活を支えるために持ちこまれた植物が多いことに気がつきます。ところが、管理がうまくいけば有用な植物も、いつのまにか野生化して広がってしまうことがあるのです。

次は、気がついたら日本に入りこんでいたという例です。近年問題視されているのが、輸入穀物飼料に混ざっている雑草の種子です。飼料をつくる畑のまわりでは一九八〇年代の終わり頃《ころ》から外来植物が猛威《もうい》をふるっています。こういった現象の背景には、日本の食糧《しょくりょう》事情があります。日本では、年間に約三千万トンもの穀物を輸入していますが、その半分ほどはウシやブタといった家畜《かちく》の飼料として利用されています。それらの飼料作物の種子に混ざって、海外から多様な雑草種子がやってくるというわけです。

持ちこまれた植物は、すべてが野生化して、広がるわけではありません。たとえば、百種の植物が日本に持ちこまれたとしましょう。そのうち九十種ほどは日本にとどまることができずにいなくなります。残りの十種ほどが、日本に住みつき、さらに分布を広げると考えられています。

この数字は、海外の研究をもとにした目安です。ですから、分布を広げるのは、実際には五種かもしれないし、あるいは二十種かもしれません。ここでは、くわしい数字はさておき、新しい環《かん》境《きょう》になじめない大部分の植物と、環境《かんきょう》に適応して大繁栄《はんえい》する植物がいるという点がポイントです。

◆海外に出ていった日本の植物

日本発の外来植物もいます。日本ではふつうに生えている植物が、鑑賞用《かんしょうよう》として欧米などの外国に持ち出され、やがて野生化してしまった例が知られています。その中には、持ちこまれた先で大繁栄《はんえい》しているものさえあるのです。

代表的なのが、秋の七草や葛《くず》粉《こ》の原料として知られるクズです。アメリカ合衆国へは、鑑賞《かんしょう》用《よう》、緑化用のツル植物として持ち出されたといわれています。それが近年では広く野生化しています。市街地の空き地を中心に、畑や野原にも生えているそうです。同じく秋の七草のススキも海外に出ていきました。外国の庭園や公園に植えられて親しまれていたものが、やがて野生化して広がっているそうです。道ばたや野原だけでなく、ハイウェイ沿いにも群生しています。

ほかにも多くの日本の植物が海外で野生化しています。タケニグサやフキ、オカトラノオなども鑑賞用《かんしょうよう》として海を渡《わた》ったようです。特にフキはヨーロッパではまるで野草のようになっています。また、チチコグサやホトトギス、サギゴケやトキワハゼなども、いつの間にか日本から欧米《おうべい》を中心に世界各地に広がっているそうです。ごく身近な植物が海外でやっかい者になっているというのですから、意外に感じるのではないでしょうか。

これらの例からもわかるように、外来植物の広がりは、日本だけの問題ではありません。今では、世界中の国や地域で、外来植物が広がっているのです。

◆静かな変化

外来植物はさまざまな異変をもたらします。その異変は、「気がつけば……」というように、たいてい静かに進行するようです。

人間に直接的な影響《えいきょう》を与《あた》えることがあります。たとえば、ブタクサのように花粉症《かふんしょう》の原因となる外来植物もいるのです。ブタクサは空き地などに生えていて、花は目立ちません。ブタクサは受粉のために昆虫《こんちゅう》ではなく、風を利用します。風を利用して花粉を飛ばす植物としては、スギがよく知られています。一般《いっぱん》に、風を利用して花粉を飛ばす植物は大量の花粉をつくります。こ

河原の景色を変えてしまうシナダレスズメガヤ

れがときには、花粉症《かふんしょう》の原因になるというわけです。

外来植物が景色を変えてしまうこともあります。たとえば、イネ科植物のシナダレスズメガヤは、道路ののり面などを緑化するのに利用されてきた植物です。その種子が河川に入りこみ、シナダレスズメガヤが河原に繁茂《はんも》するようになりました。のり面緑化に使われるほどなので、しっかりと根を張ります。すると、もともと小石の多かった河原に変化が起こりました。それまで川が増水すれば、砂は流されていました。ところが、シナダレスズメガヤはしっかり根付いているので、砂が周囲にたまりはじめたのです。やがて、河原が砂でおおわれるようになりました。これは、河原の植物にとっては大きな変化となります。なぜなら、小石がごろごろしているような河原を好むカワラノギクなどの草花は、砂の河原では暮らせなくなるからです。

マメ科の樹木ハリエンジュは、ニセアカシアという別名のほうがなじみがあるかもしれません。ハリエンジュも生命力が強く、在来植物であるヤナギの仲間を押《お》しのけているといいます。ヤナギの落葉を分解して巡《めぐ》っていた生態系は、ハリエンジュに取って代わられるとうまく機能しなくなります。土の中の生き物にも影響《えいきょう》があるというわけです。

シナダレスズメガヤやハリエンジュなどの外来植物は、生態系そのものを変えてしまいます。植物の営みは静かに進み、ふと気がつけば景色を変えていたのです。わたしたちは、ゆっくりとした変化にもっと注意を払《はら》う必要があるのかもしれません。

第3節　日本タンポポの繁殖《はんしょく》を鈍《にぶ》らせる

◆セイヨウタンポポがもたらす二つのこと

外来植物による「交雑」もまた、静かに進行します。ここまで、外来動物が農作物や希少な動植物を食べてしまう、あるいはシナダレスズメガヤのように生態系の様子を変えてしまうといった例を見てきました。ここからは、いよいよセイヨウタンポポが日本タンポポに与《あた》える影響《えいきょう》について考えていきます。タンポポに限らず、交雑により生まれる雑種の植物は、遺伝的な実験をもとに確認されるのがふつうです。なぜなら、姿かたちだけで判断するのはむずかしいことが多いからです。つまり、交雑の問題は、目につきにくいのです。

外来植物との交雑によって、在来植物にはどのような影響《えいきょう》があるのでしょうか？　ここでは、タンポポを例に二つの研究をみてみます。ひとつは、日本タンポポの種子ができにくくなるという研究です。もうひとつは、繰《く》り返し交雑が生じると、全く新しいタイプの雑種タンポポが生まれるという研究です。

◆繁殖《はんしょく》を鈍《にぶ》らせる花粉

競争により在来植物が減ってしまうことがあります。ときには在来植物がいなくなってしまうというから大変です。ここでいう競争とは、子孫を残すための競争のことです。まずは海外で確かめられたエゾミソハギの研究をみてみましょう。

エゾミソハギのもともとの生育地はユーラシア大陸とされますが、それがいま北米に侵入《しんにゅう》しているそうです。ところが、北米にはエゾミソハギと近縁《きんえん》な在来植物がもともと生えていました。外来植物エゾミソハギとその近縁《きんえん》な在来植物は、花粉を運ぶ昆虫《こんちゅう》をめぐって競争することになります。それまで、在来植物は花粉を運ぶ昆虫《こんちゅう》をほぼ独占《どくせん》していました。そこに同じ昆虫《こんちゅう》を利用する外来植物がやってきたのです。昆虫《こんちゅう》をめぐる競争は激しいものとなったようです。

昆虫《こんちゅう》の取り合いにより、在来植物を訪れる昆虫《こんちゅう》が減りました。それに伴《ともな》い、実る種子が減ってしまったのです。さらに追い打ちをかけるような事態が発生します。それは、エゾミソハギの花粉が在来植物のめしべにくっつくようになると、ますます種子ができにくくなるというのです。よく似ているけど、異なる花粉がめしべにつくと、種子ができにくくなるというわけです。在来植物にとっては、まさに踏《ふ》んだり蹴《け》ったりの状況《じょうきょう》に陥《おちい》ってしまいました。

エゾミソハギとよく似た話が、タンポポでも知られています。既《すで》にお話したように、日本タンポポが減り、セイヨウタンポポが増えるという現象が日本各地で生じました。この現象は、直接的な競争が原因ではないと考えられてきました。つまり、日本タンポポの生育地は、セイヨウタンポポに奪《うば》い取られたわけではないということです。では、どうして日本タンポポとセイヨウタンポポが置き換《か》わってしまったのか？　その理由として、第1章で紹介《しょうかい》したように、日本タンポポが生えていた土地が開発されて、そこにセイヨウタンポポが入りこんだという説が知られています。

これは、造成された土地にはセイヨウタンポポが生えやすいということでもあります。ここで、日本タンポポが生えていた土地が掘《ほ》り返されて、全滅《ぜんめつ》してしまったと想像してみましょう。その土地の近くに、日本タンポポの集団があれば、種子が次々に運ばれるので、ひょっとしたら再び日本タンポポの集団がつくられるかもしれません。しかし、もし近くに集団がなければ…、おそらく日本タンポポが復活することは少ないでしょう。造成された土地では日本タンポポではなく、単独で種子をつくれるセイヨウタンポポが生えやすいと考えられています。

車道の脇《わき》で生きるセイヨウタンポポ

さて、日本タンポポの自生地が開発されていくとき、全滅《ぜんめつ》はしなかったけれど、数が減るということもあります。残された日本タンポポの集団の近くには、セイヨウタンポポや雑種タンポポが入りこんでくると予想されます。このときに何が起こるのでしょうか？

どうやらセイヨウタンポポや雑種タンポポの花粉が、日本タンポポのめしべにくっつくと、日本タンポポは種子ができにくくなるようなのです。するとと、日本タンポポの数はますます減るでしょう。日本タンポポの数が少なくなれば、花粉をもらう相手も減るのですから、さらに種子ができにくくなるかもしれません。まさに悪循環《あくじゅんかん》の始まりというわけです。この一連の研究が、名古屋大学や滋賀《しが》県立大学などの研究グループにより進められています。

第4節　雑種タンポポの誕生を振《ふ》り返る

◆雑種タンポポはどうやってできたの？

セイヨウタンポポがもたらす二つ目の異変は、更《さら》なる交雑の進行です。これは、雑種タンポポと日本タンポポとの間でさらに交雑が起こり、新しい雑種タンポポが誕生するのだろうかということです。この現象を紹介《しょうかい》するのに、まずは「雑種タンポポはどのように誕生したのか？」ということから考えてみましょう。セイヨウタンポポと日本タンポポは近縁《きんえん》な植物です。だから受粉して雑種ができるとしても、それほど不思議ではないと思うかもしれません。

ところが、そう単純でもないのです。これまでの話のなかで何度か繰《く》り返してきたように、日本タンポポは受粉により種子をつくるのに対して、セイヨウタンポポは受粉せずにクローンの種子をつくります。つまり、種子のつくり方が異なるタンポポ同士が交雑して、雑種タンポポができるのです。第1章で紹介《しょうかい》したように、牧野富太郎《まきのとみたろう》博士が一九〇四年に日本中にセイヨウタンポポが広がるだろうと予測していました。しかし、交雑までは思い浮《う》かびませんでした。その後も長い間、両タンポポが交雑するということに思い至る人はいなかったわけです。それほど、種子のでき方の異なるタンポポどうしが交雑するのは意外なことでした。もちろん、わたしも雑種タンポポの存在を知ったときには、頭の中が「??」でした。

さて、日本で雑種タンポポができたプロセスを知るために、いったん、海外のタンポポ事情に目を向けてみましょう。

◆海外で見つかったサイクル

セイヨウタンポポはヨーロッパに広く分布しています。じつは、セイヨウタンポポには、たくさんの種類があるのです。なんと千種ほどもあるという報告もあります。それらをまとめて、セイヨウタンポポと呼んでいるのです。ここで、いろいろなセイヨウタンポポを種子のでき方でわけてみます。すると、大きく二つのグループに分けられます。

ひとつは、受粉せずに種子をつくるグループです。このグループのセイヨウタンポポはクローンの種子で増えていきます。日本に広がっているのが、このグループのセイヨウタンポポというわけです。これらのセイヨウタンポポを、ここでは、仮に「クローングループ」と呼ぶことにしましょう。

もうひとつは、受粉して種子をつくるセイヨウタンポポです。これは、日本タンポポと同じ種子のでき方ですね。この種類のセイヨウタンポポはとてもめずらしいことが知られています。大まかには、フランス、ドイツ南部からチェコ、スロバキアあたりにかけて点々と分布しているようです。こちらを「受粉グループ」と呼ぶことにします。

「クローングループ」と「受粉グループ」は仮の呼び名です。正式な用語ではありません。どちらのグループかは、セイヨウタンポポの種類ごとに決まっています。

さて、この二つの「クローングループ」と「受粉グループ」が、一か所に混ざり合うように生えていることがあります。もちろんヨーロッパでの話です。この混ざり合い集団を調べると、驚《おどろ》いたことに、二つのグループの間で交配していたのです。もう少しくわしくみてみましょう。「クローングループ」のセイヨウタンポポにも花粉がつくられます。その花粉が、「受粉グループ」のめしべにくっつきます。すると種子ができるというわけです。その種子は「クローングループ」のタンポポになることがわかっています。そして、このグループ間での交配は繰《く》り返し起こ

タンポポの群生地（チェコ）

ります。いわばサイクルになっているのです。

このサイクルからわかるのは、クローンで増えるセイヨウタンポポの花粉には、じつは重要な働きがあるということです。クローンの種子で増えるのだから花粉は不要では？というのは、半分はその通りです。花粉のやりとりをせずにどんどん種子をつくりだせるのですから、花粉がなくてもいいように思えます。ところが、この花粉には、サイクルをまわすような役目があったのです。

◆雑種タンポポのでき方

このようなサイクルは日本でも起きています。そうです。ここまでお話してきた雑種タンポポです。日本で生じる雑種タンポポの場合は、両親が外来植物と在来植物というちがいがあります。しかし、ヨーロッパと似たような現象が日本で生じていると考えることもできそうです。クローンで増えるセイヨウタンポポの花粉。それが、受粉して種子をつくる日本タンポポのめしべにくっつくと、雑種タンポポができるのです。そして、ここに外来生物がもたらす、新しい脅威《きょうい》が潜《ひそ》んでいるかもしれないのです。

さて、日本タンポポばかりの集団の近くに、セイヨウタンポポが生えている様子を想像してみてましょう。ハナバチやハナアブの仲間がセイヨウタンポポと日本タンポポの区別なく、蜜《みつ》を吸うために、花から花へと移っていくでしょう。すると、セイヨウタンポポの花粉が、日本タンポポのめしべに運ばれるということは十分に考えられるのです。

実際に野外でみられる雑種タンポポは、交配実験でつくりだすことができます。交配実験では、日本タンポポとセイヨウタンポポで、頭花どうしをこすり合わせます。そして、日本タンポポの頭花にできた種子を発芽させて、葉を採集します。その葉から、実験室で遺伝的な特長を調べるのです。日本タンポポとセイヨウタンポポの頭花、十八組でおこなったわたしの交配実験では、日本タンポポの種子は三百十五個できて、そのうち六種子が雑種タンポポでした。割合にすると一・九パーセントになります。

なお、日本タンポポの花粉が、セイヨウタンポポのめしべにくっついても、雑種はできません。

第5節　新しい雑種タンポポの誕生

◆余計な花粉の問題

ここで、わたしは「海外でみられるサイクルが、日本でも起きるとしたら?」ということを考えました。そして、新しい雑種タンポポが誕生するのではないかと予想したのです。なお新しい雑種タンポポが生まれるような交雑を「もどし交雑」といいます。ようするに、雑種タンポポが日本タンポポと交雑することを指しています。

里山や野原のようなところに、日本タンポポが広がっています。ところが、その周辺に雑種タンポポが生えていることがあります。たとえば、道路をはさんで野原と空き地があるという場所で調査したことがあります。このとき、野原には日本タンポポが、空き地には雑種タンポポが生えていました。その距離《きょり》は三メートルほどです。ほかにも、日本タンポポ集団の周囲に雑種タンポポが生えていることがあります。両者がこのように近い場所に生えていれば、そして、昆虫《こんちゅう》たちの動きをみていれば、雑種タンポポと日本タンポポとの間でも交雑が起こるのではないかと想像がふくらんでしまうのです。

そこで、わたしは両者を人工交配させて、新しい雑種ができるのか確かめることにしました。日本タンポポと、花粉をつける雑種タンポポとの間で、頭花どうしをこすり合わせる交配実験をおこなったのです。二〇〇一年におこなった実験では、日本タンポポと雑種タンポポの頭花を十三組で交配実験をしました。その結果、日本タンポポの種子は二百十個できて、そのうちの十三個が新しい雑種タンポポでした。割合にすると六・一パーセントになります。つまり、予想はあたったわけです。

同じ人工交配を別の年にもおこないました。日本タンポポと雑種タンポポの組合せです。すると、日本タンポポの種子は百七十四個できましたが、そのうちなんと八十七個の種子が新しい雑種タンポポだったのです。割合としては五十パーセントになります。このとき、日本タンポポとセイヨウタンポポの組合せでも人工交配をしていますが、雑種タンポポは二十五パーセントの割合でできてきました。

単純な比較《ひかく》はできないのですが、セイヨウタンポポの花粉よりも、雑種タンポポの花粉の方が

道路沿いに生える雑種タンポポ

日本タンポポと交雑しやすいといえそうです。セイヨウタンポポだけでなく、雑種タンポポの花粉も日本タンポポとの交雑をもたらします。日本タンポポにとっては、まさに余計な花粉といったところでしょう。

　さて、人工交配で確かめられた現象は、自然の環境でも起きているのでしょうか？　じつは、野外でも、雑種タンポポができることが見つかっています。この発見をしたのは、九州大学の満行《みつゆき》知《ち》花《か》さんです。満行《みつゆき》さんは自生地に咲《さ》いている日本タンポポから、自然にできた種子を集めました。遺伝的な特徴《とくちょう》を調べたところ、四百三十個体のうち一個体が雑種タンポポだったのです。周囲に咲《さ》くのはセイヨウタンポポよりも圧倒的《あっとうてき》に雑種タンポポが多いことも調べられています。このことから、雑種タンポポの花粉が日本タンポポのめしべについて、新しい雑種タンポポが誕生した可能性も考えられています。野外で雑種タンポポが生まれる現場を見つけた、とても大切な発見です。

◆交雑が進むと……

外来植物は、近縁《きんえん》な在来植物と交雑して雑種をつくることがあります。この現象は、在来植物を絶滅《ぜつめつ》にみちびく要因のひとつとされます。どうして交雑により絶滅《ぜつめつ》が心配されるのでしょうか？　それは在来植物の繁殖《はんしょく》がじゃまされることがあるからです。繁殖《はんしょく》がうまくいかなくなれば、子孫が減っていきます。そうなれば、その植物は減少していくことになります。数が減ると、ますます種子が実りにくくなり、やがてその集団がいなくなってしまうことがあるのです。

また、交雑により外来植物の遺伝子が在来植物の遺伝子に入りこんでいくことがあります。こうなると、長い年月をかけて進化してきた在来植物に、元にはもどれないような遺伝的な変化がもたらされます。外来植物が、目に見えないところで在来植物に影響《えいきょう》を与《あた》えるひとつの例です。

第6節　日本タンポポから見る世界

◆外来植物は進化する

生物は時間とともに進化します。進化というと悠久《ゆうきゅう》の時間の中で起こるものと思われるかもしれません。数万年から数百万年という時間のスケールで、新しい種が生じる進化があります。なかなか想像できないような年月の長さですね。ところが、数か月から数年というスケールで生じる進化もあるのです。実際に、雑種タンポポはわずか百年のうちに誕生しています。日本タンポポは長い年月をかけて日本の環境《かんきょう》に適した性質を得てきました。そして、その日本に適した性質は、交雑により雑種タンポポに取りこまれたとみることができます。タンポポも変化し続けています。まさにわたしたちの目の前でタンポポは進化しているのです。

雑種タンポポの研究には実験が欠かせません。目に見えないことを知るには、どうしても実験が必要だからです。もちろん野外の観察も大切です。観察と実験は、お互《たが》いに補い合うように、いろいろな情報をもたらしてくれます。

外来植物がもたらす影響《えいきょう》については、世界中でさかんに研究がなされています。研究が進めば、わたしたちは外来植物とどのように向き合えば良いのか、何か光が見えてくるかもしれません。そして、タンポポは外来植物の問題を考えるうえで、おそらく貴重なデータとなるでしょう。

さらに外来植物の問題は、わたしたちの生活と深く結びついています。外来植物のことを考えるということは、わたしたち自身の生活を考える機会でもあるのです。

◆生えていて当たり前？

日本タンポポは身近な草花です。今はまだ、里山のようなところでは当たり前のように生えています。しかし、これからも、生えていて当然という存在でいてくれるかは、少し心配です。この本の冒頭《ぼうとう》でみたように、日本タンポポの花を行き来する昆虫《こんちゅう》がいます。昆虫《こんちゅう》たちは、日本タンポポが種子をつくるための大切なパートナーです。そのつながりの中に、もしも雑種タンポポが入りこむと何が起きるのでしょうか？　その答えは、まだわからないのです。

現在、フジバカマやキキョウは絶滅《ぜつめつ》が心配されています。これらの草花は秋の七草として親し

まれ、ほんの数十年前まではごく身近な、どこにでも生えているような草花でした。ところが、開発などで生息地が減ったこともあり、フジバカマやキキョウは数が減少しているのです。おそらく今から五〇年前にこのことを予想できた人はほとんどいなかったのではないでしょうか。身近な草花が、いつ絶滅《ぜつめつ》の危機にさらされるか、正確に予想することはたいへんむずかしいのです。

日本はタンポポの国です。日本タンポポについてはいろいろなことが明らかになってきました。一方で、里山や高山には、まだよく調べられていない日本タンポポが暮らしています。わたしたちが日本タンポポと共に暮らしていけるように、タンポポに隠《かく》されたひみつをひとつでも多く知ることは大切です。この本で紹介《しょうかい》してきたように、日本タンポポのひみつを知るうえでは、雑種タンポポも大切な情報をもたらしてくれます。ですから、雑種タンポポのこともくわしく知ることは、大切だと思います。

タンポポは、わたしたちの暮らし方を映し出す鏡のような存在なのかもしれません。

第7節　まだまだ謎《なぞ》だらけ

◆尽《つ》きない疑問

ここまで、見なれたタンポポをじっくりと見てきました。たとえば、地面をはうように広がる葉、立ち上がったり横たわったりする花茎《かけい》、小さな花の集合した頭花など。それらの特徴《とくちょう》には、タンポポの生き方を考えるうえでのヒントが隠《かく》されていました。観察するほどに、いろいろなことがわかってくるでしょう。

ところが、タンポポについてまだわかっていないことがあります。ひとつには、タンポポの寿《じゅ》命《みょう》が挙げられます。ある場所に根づいたタンポポは何年くらい生きているのでしょうか？　まだ正確なことはわかっていません。ほかにも、花茎《かけい》が動くしくみや乳液の役割なども、やはり十分に解明されているわけではないのです。

ほかにもたくさん謎《なぞ》があります。この本で紹介《しょうかい》してきた雑種タンポポについて考えてみましょう。たとえば、雑種タンポポがセイヨウタンポポに取って代わるように広がったのは、いつごろからだったのでしょうか？　それとも最初から雑種タンポポが広がっていたのでしょうか？　この本ではアカミタンポポという外来タンポポを紹介《しょうかい》しました。じつは、アカミタンポポと日本タンポポの雑種も誕生しています。アカミタンポポの雑種には、どんな特徴《とくちょう》が備わっているのでしょうか？

日本のタンポポにも目を向けてみましょう。二十種類ほどの日本のタンポポは、どのようにして誕生したのでしょうか？　その進化の道すじは、きっと近いうちに明らかにされるでしょう。

タンポポには、まだいくつもの謎《なぞ》があるのです。

◆足元に広がる謎《なぞ》を楽しむ

タンポポは研究材料として面白い植物です。これまでに、たくさんの先人たちがタンポポを材料にして、熱心に研究に取り組んできました。国内だけでなく、海外でもたくさんのタンポポ研究が行われてきたのです。その積み重ねにより、タンポポのことがだんだんとわかってきました。その先人たちの積み重ねの上に、自分のオリジナルな研究を少しでも積み上げることができたなら、それはとてもうれしいことです。

身近なタンポポには、まだまだたくさんの謎《なぞ》があります。そのタンポポが、二十種類ほども生えているのが日本です。足元にはタンポポの世界が広がっています。まだだれも解いたことのない謎《なぞ》も、わたしたちのすぐ近くに広がっているのです。

おわりに

わたしは、たいてい下を向いて歩いています。ほとんど無意識のうちにタンポポを探してしまうからです。そして、タンポポを見かければ、反射的に総苞《そうほう》の様子などをチェックしています。そういう習慣が身についてから、もう十五年近く経ちます。いつしか足元を観察しながら歩くのが常となりました。

冬のさなか、東京は寒い日が続きます。畑などに霜柱ができていることもめずらしくはありません。地面も凍るくらいの寒さです。そのような季節でも、驚いたことに雑種タンポポの花が咲いていることがあります。タンポポが咲くのは春だと思っていたら、冬も咲くことがあるのですね。足元には、思わぬ喜びが転がっているようです。さて、このような現象を見ていると、タンポポはどのようなメカニズムで花を咲かせるのかな？　冬に咲くことにはどんな意味があるのかな？　それらを調べるにはどんな方法があるのだろうか？……といったことが気になり始めます。このような調子で、わたしとタンポポの付き合いは、季節を問わず続いていきます。

「わたしのタンポポ研究」という書名からわかるように、この本は、わたしの研究を中心にすえる構成になっています。そこで、わたしは、小さな種子と肉眼ではよく見えない花粉からタンポポの世界を紹介することにしました。皆さんがこの本を読んだ後に、もしタンポポを見る目が変わったとしたら、それは著者として何よりの喜びです。


ところで、この本の第3章と第4章で、わたしの研究が登場します。これらは、わたしが大学院の博士課程に在学していた時におこなったものの一部です。大学院には修士課程が2年間、続いて博士課程が3年間あります。わたしは修士課程を卒業した後、製薬会社で働いていました。それから博士課程に入学して、タンポポ研究していたのです。毎日、無我夢中で研究をしました。博士課程を卒業してからも、研究所などでタンポポ研究を続けることができました。

この本にタンポポのことをたくさん書きましたが、紹介しきれなかったこともあります。それほどにタンポポは奥深い植物です。このように面白い植物と巡り会えたのは幸せなことだと思います。とても充実したタンポポ研究の日々を経て、現在は主に文筆業をしています。生き物たちをテーマにした謎解きの世界、それらを文章にしていきたいと考えています。もちろんタンポポも追いかけ続けます。

タンポポ研究では、とても多くの方々にお世話になりました。指導してくださった先生方。温かく見守ってくれた研究室の皆さん。タンポポ採集に協力してくれた友人や家族。全ての方のお名前を挙げることができませんが、この場をお借りして、心よりお礼申し上げます。

この本を作るのにあたり、やはり多くの方々にお世話になりました。原稿を読んで的確なアドバイスをくださった久保利加子さん、横内正さん、真貝理香さん、川井絢子さん。なお横内正さんにはシナダレスズメガヤの写真をご提供いただきました。そして、美しい装丁に仕上げてくださった生沼伸子さん。とても素敵な挿絵を描いていくださった陣崎草子さん。タンポポの本を書きたいと念じていた時に、この本の企画をお持ちくださったさ・え・ら書房の浦城信夫さん。心よりお礼申し上げます。

二〇一五年春

保谷彰彦

【本文引用図版出典】

・P10……A.J.Richards, "The origin of Taraxacum agamospecies." Botanical Journal of the Linnean Society (1973):189-211.
・P31……『わくわく科学』荒俣宏監修／成美堂出版
・P33……『タンポポの観察実験』山田卓三／ニュー・サイエンス社
・P45……『植物の世界』第 7 巻 p1-202「タンポポ」森田竜義／朝日新聞社
・P83、84、90、93 ……『外来生物の生態学』第 10 章「雑種性タンポポの進化」保谷彰彦／種生物学会編／文一総合出版

【写真提供】

・P57……唐崎健嗣（タンポポ堀りの様子）
・P114 ……横内正（シナダレスズメガヤ）

（敬称略）

著者／保谷 彰彦（ほや あきひこ）

1967年生まれ。東京大学で博士号（学術）取得。専門はタンポポの進化や生態。農業環境技術研究所を経て国立科学博物館植物研究部に勤務。企画と執筆の「たんぽぽ工房」設立。現在、文筆業とタンポポ研究の他、大学での授業や講演会、草花散歩会などの活動を展開中。主な著書に『身近な草花「雑草」のヒミツ』（誠文堂新光社）、『外来生物の生態学』（文一総合出版、共著）、『たのしい 理科の小話事典』（東京書籍、共著）、絵本『じゃがいもくん しつもんです』（学研教育出版、監修）などがある。

〈挿絵〉陣崎草子

〈装丁〉生沼伸子

わたしのタンポポ研究

2015年5月 第1刷発行

著　者／保谷彰彦

発行者／浦城 寿一

発行所／さ・え・ら書房　〒162-0842 東京都新宿区市谷砂土原町3-1 Tel.03-3268-4261
http://www.saela.co.jp/

印刷／東京印書館　製本／東京美術紙工　Printed in Japan

ISBN978-4-378-03916-9　NDC479

わたしのノラネコ研究

山根明弘著

体が大きくて強いオスが本当に有利か……玄界灘にうかぶ小さな島で７年間、200 匹ものノラネコの調査研究を、写真と図版で生き生きと再現。だれにでもできる観察、調査の方法もわかりやすく紹介する。

わたしのウナギ研究

海部健三著

ウナギの絶滅をくいとめるには、天然のウナギがどこで何を食べ、どのように成長するかなど、その生態をくわしく知る必要がある。本書は、岡山県児島湾でウナギの生活調査をした若き研究者の記録である。

わたしの森林研究 鳥のタネまきに注目して

直江将司著

植物は、なぜおいしい果実をつくるのか？それは動物たちに食べてもらい、タネを遠くに運んでもらうためだ。どんな鳥が、どんなタネをどこへ運ぶのか、森林にどんな影響を与えているか、その調査・研究の記録。